高等院校艺术设计类专业
"十三五"案例式规划教材

# 建筑钢笔画

■ 主 编 吴红宇 曲旭东

ART DESIGN

华中科技大学出版社
http://www.hustp.com
中国·武汉

# 内 容 提 要

　　本书主要讲解了建筑钢笔画概述、建筑钢笔画基础知识、建筑钢笔画绘制方法与步骤、建筑钢笔画人物与配景表现、建筑钢笔画手绘写生技法、建筑钢笔画速写技法、建筑钢笔画技法临摹等，详细叙述了建筑钢笔画的学习内容。全书各个章节还穿插了许多名家画作及小贴士，采用图文结合的形式，内容丰富。本书适用于普通高等院校和高职高专院校艺术设计专业的学生，也是建筑钢笔画爱好者必备的参考读物。

图书在版编目 (CIP) 数据

建筑钢笔画 / 吴红宇，曲旭东主编 . —武汉：华中科技大学出版社，2019.1
高等院校艺术设计类专业"十三五"案例式规划教材
ISBN 978-7-5680-4814-9

Ⅰ.①建…　Ⅱ.①吴…　②曲…　Ⅲ.①建筑画－钢笔画－绘画技法－高等学校－教材　Ⅳ.① TU204

中国版本图书馆CIP数据核字(2018)第299815号

## 建筑钢笔画
### Jianzhu Gangbihua

吴红宇　　曲旭东　主编

策划编辑：　金　紫
责任编辑：　周怡露
封面设计：　原色设计
责任校对：　李　琴
责任监印：　朱　玢
出版发行：　华中科技大学出版社（中国·武汉）　　电话：（027）81321913
　　　　　　武汉市东湖新技术开发区华工科技园　　邮编：　430223
录　　排：　华中科技大学惠友文印中心
印　　刷：　湖北新华印务有限公司
开　　本：　880mm×1194mm　1/16
印　　张：　13
字　　数：　292 千字
版　　次：　2019 年 1 月第 1 版第 1 次印刷
定　　价：　49.80 元

本书若有印装质量问题，请向出版社营销中心调换
全国免费服务热线: 400-6679-118　竭诚为您服务
版权所有　侵权必究

# 前言
## Preface

　　钢笔画最早起源于欧洲大陆，在 19 世纪后才发展成为一个独立的画种。在西方，钢笔画是与油画、水彩画并称的三大画种之一。19 世纪末，钢笔画传入中国，广泛运用于速写、漫画、插图以及连环画和装饰画创作中。在 20 世纪 30 年代到 50 年代这段时期，钢笔画经历着由兴盛到衰败的艰辛过程。在 20 世纪七八十年代，由于钢笔作为人们主要的日常书写工具，钢笔画这才逐渐兴起，随之风格各异的各类钢笔画册才开始出现在人们的视野中，但将钢笔画作为独立作品创作的人寥寥无几，优秀的钢笔画作品更是凤毛麟角。

　　进入新世纪，随着中国艺术市场的繁荣，钢笔画的绘画题材越来越丰富，表现技法精彩纷呈，也逐渐突破了传统的以速写为主并局限在连环画、插图及建筑绘图的旧有模式，呈现大幅甚至巨幅钢笔画画作，其中不乏一些优秀的作品，这些作品足以跟其他画种相媲美。钢笔画的创作过程相当艰难，画同样尺寸的钢笔画，画家付出的精力与国画、水彩画甚至油画相差无几。一幅整开钢笔画从起笔到完成，少则数十小时，长则几个月甚至一年以上。

　　现今钢笔画作为一个独立的画种，在中国逐步成熟。钢笔画不仅能够独立表现完整的绘画主题，还有其他画种无法替代的独特表现技法及艺术面貌。其中建筑钢笔画具有快捷有效的表现特点，在诸多领域受到建筑师和作画者的青睐。建筑师可以通过简单硬朗的线条表现，记录建筑作品的艺术旨趣，收集建筑设计资料，使之成为设计的灵感源泉。

　　为了让读者快速学习并掌握钢笔画的绘画技巧及方法，全书较详尽地介绍了建筑钢笔画的基本知识及相关的绘制技巧、方法等内容，每章附有大量值得临摹和参考的插图，且布局合理，语言简明，针对性强。本书是一本体现专业基础知识素养的建筑设计专业职业技能培养的实用教程，适合建筑设计、环境艺术等专业的学生使用，还可作为广大业余钢笔画爱好者的基础训练参考书。

本书在编写中得到以下同事、同学的支持，他们是湛慧、吴翰、汤留泉、蒋林、付洁、董卫中、邓贵艳、陈伟冬、曾令杰、鲍莹、安诗诗、张泽安、祖赫、朱莹、赵媛、张航、张刚、张春鹏、杨超、徐莉、肖萍、吴艳飞、吴方胜、吴程程、涂康玮、涂昭伟。他们为本书提供了资料，在此表示感谢。

编　者

2018 年 12 月

# 目录
## Contents

# 第一章
# 建筑钢笔画概述

学习难度：★☆☆☆☆

重点概念：钢笔画、概念、特点、意义

**章节导读**

　　建筑钢笔画的历史轨迹虽然短暂，却也有其独特的画面风格，是其他画种不能比拟的。相比油画、水彩画等画种而言，钢笔画的绘制要更加简便、单一，也有着很强的表现力。因此很多绘画大师和建筑师们喜欢用钢笔来创作插画和建筑画等，且沿用到多个领域。本章主要介绍了建筑钢笔画的相关概念，希望读者通过本章的学习，了解和认识建筑钢笔画，更加深入学习建筑钢笔画的绘制技巧，更好、更快地提升自身绘制建筑钢笔画的水平及画作鉴赏水平（图1-1）。

图 1-1　写实建筑钢笔画

# 第一节　建筑钢笔画的概念

谈起建筑钢笔画，许多人都会认为以钢笔为绘画工具的绘制就是钢笔画的整个概念。其实不然，钢笔画在近十年的时间内发展迅速，由最初的欧洲羽毛笔，到简单的钢笔，到现今的一次性水笔、中性笔（图 1-2）、针管笔（图 1-3）等。丰富的工具在一定程度上扩大了钢笔画的表现能力，也提升了钢笔画的表现技巧，使得钢笔画的内容愈加丰满、精致。

图 1-2　中性笔绘制的钢笔画作品《流泉村》

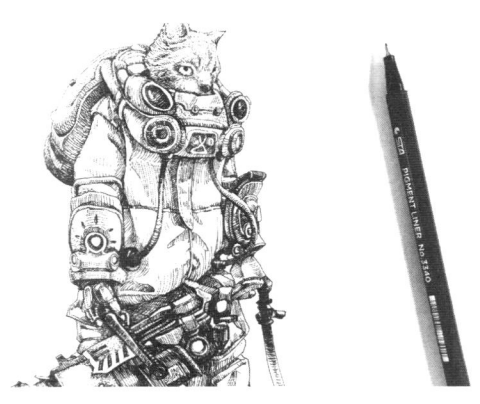

图 1-3　针管笔钢笔画作品

建筑钢笔画又称作"硬笔画"，分为写实钢笔画（图1-4）、彩色钢笔画（图1-5）、钢笔淡彩画（图1-6）。最初起源于欧洲，在只有羽毛笔的年代，也是唯一的钢笔画创作工具。但是当时钢笔作品并没有被创作工具制约，作品中除了黑白稿，还有彩色稿，反而现今钢笔画作品以表达黑白关系的素描为主。钢笔画创作所用笔尖有粗、细、扁、圆等多种类型，不同的笔尖能够产生不同的绘画效果。建筑钢笔画主要是通过单色线条的变化和由线条的轻重疏密组成的灰白调子来表现物象图。

(a)                                                         (b)

图1-4　当代钢笔画作品（庞恩昌）

(a)

图1-5　彩色钢笔画

（b）

续图 1-5

（a）

图 1-6　钢笔淡彩画

(b)

(c)

续图 1-6

（d）

（e）

## 一、建筑钢笔画艺术的历史

建筑钢笔画作为一种独立的艺术形式，最初起源于欧洲大陆。早在 1000 多年前的中世纪，建筑钢笔画就以插图的形式出现在《圣经》和《福音书》等书手抄本中，不乏著名的画家，其中久负盛名的莫过于荷兰画家伦勃朗（图 1-7），伦勃朗是欧洲 17 世纪最伟大的画家之一，主要作品有《木匠家庭》《夜巡》《三棵树》等。中国有着源远流长的丰

（a）

（b）

（c）

（d）

（e）

图 1-7 大师钢笔画作品

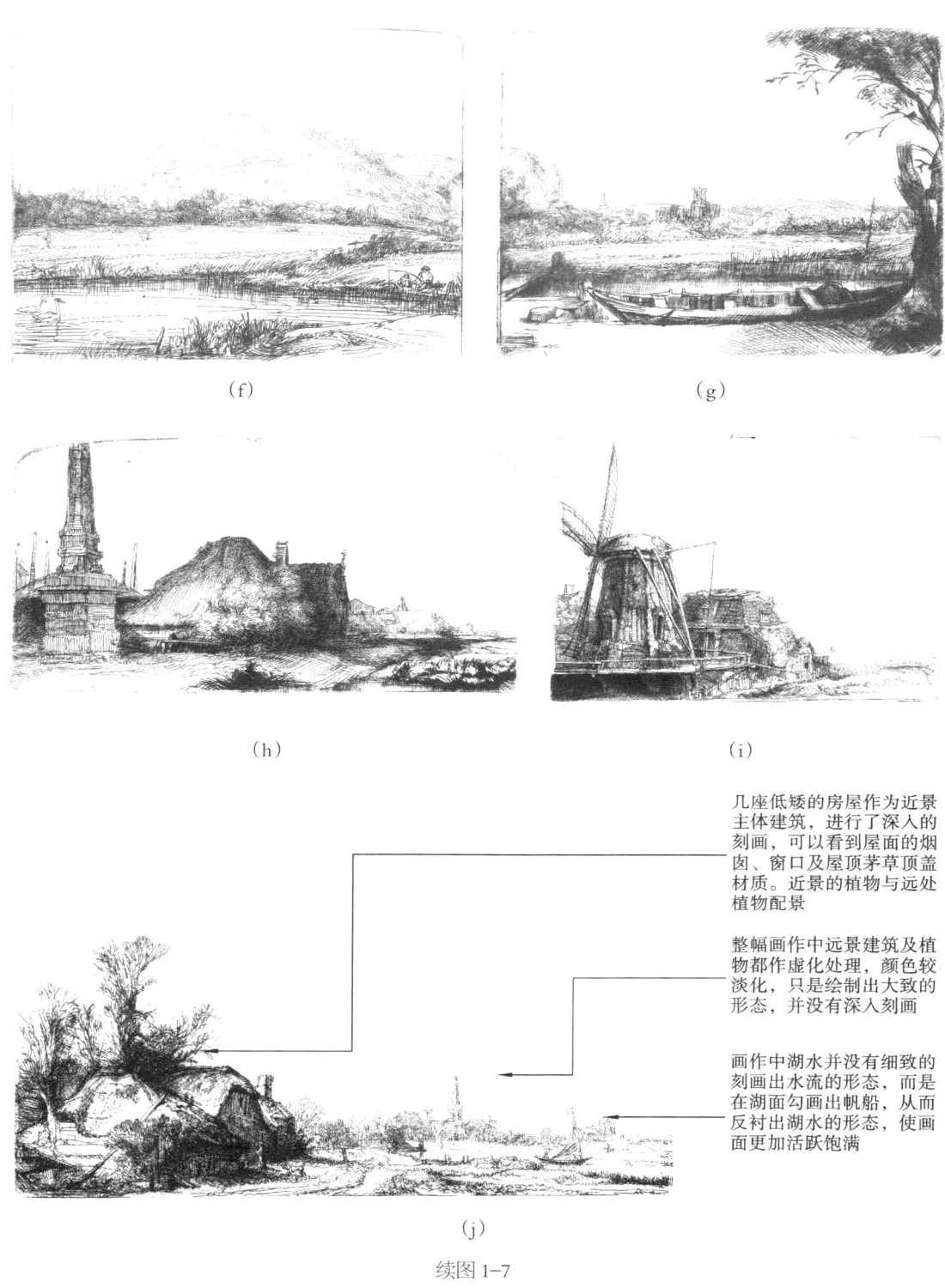

（f）　　　　　　　　　　　　　（g）

（h）　　　　　　　　　　　　　（i）

几座低矮的房屋作为近景主体建筑，进行了深入的刻画，可以看到屋面的烟囱、窗口及屋顶茅草顶盖材质。近景的植物与远处植物配景

整幅画作中远景建筑及植物都作虚化处理，颜色较淡化，只是绘制出大致的形态，并没有深入刻画

画作中湖水并没有细致的刻画出水流的形态，而是在湖面勾画出帆船，从而反衬出湖水的形态，使画面更加活跃饱满

（j）

续图 1-7

　　厚文化资源，是进行钢笔画创作的知识宝库，在借鉴传统艺术的独特表现形式和审美情趣的同时，采他人之所长，也逐步发展出不同的绘画风格和个性的表达手法。

　　　建筑钢笔画是由传统形式向现代设计演变的一种表现形式，它与其他绘画有相同的属性，也有自己独特的一面。在建筑钢笔画的学习中，要有意识地将写实性建筑钢笔画意识向设计理念性转化，形成正确的设计观念才更有利于提高创作水平。通过大量的建筑钢笔画练习，设计者可以对物象造型结构和空间层次有充分的理解，有利于创意思维的形成和培养。

## 二、建筑钢笔画的表现特点

　　建筑钢笔画具有造型明确丰富的特点，可以用简洁的线条准确地表达出建筑的形体结构，表现手法灵活多样、生动活泼。在历史的长河中，建筑绘画艺术的表现形式有了较为长远的发展，从客观自然的现实主义到在写实基础上变形和在变形基础上进行精细加工等。这种发展是多种倾向、多种形式的，变形主要是对空间、比例和解剖等予以突破。无论是自然的现实主义，还是超级现实主义，都随着历史的延续和社会的进步得到了空前的发展和繁荣。从事绘画艺术创作的大师和为现代设计表现而服务的设计师都用钢笔绘制了大量的艺术作品（图1-8）。

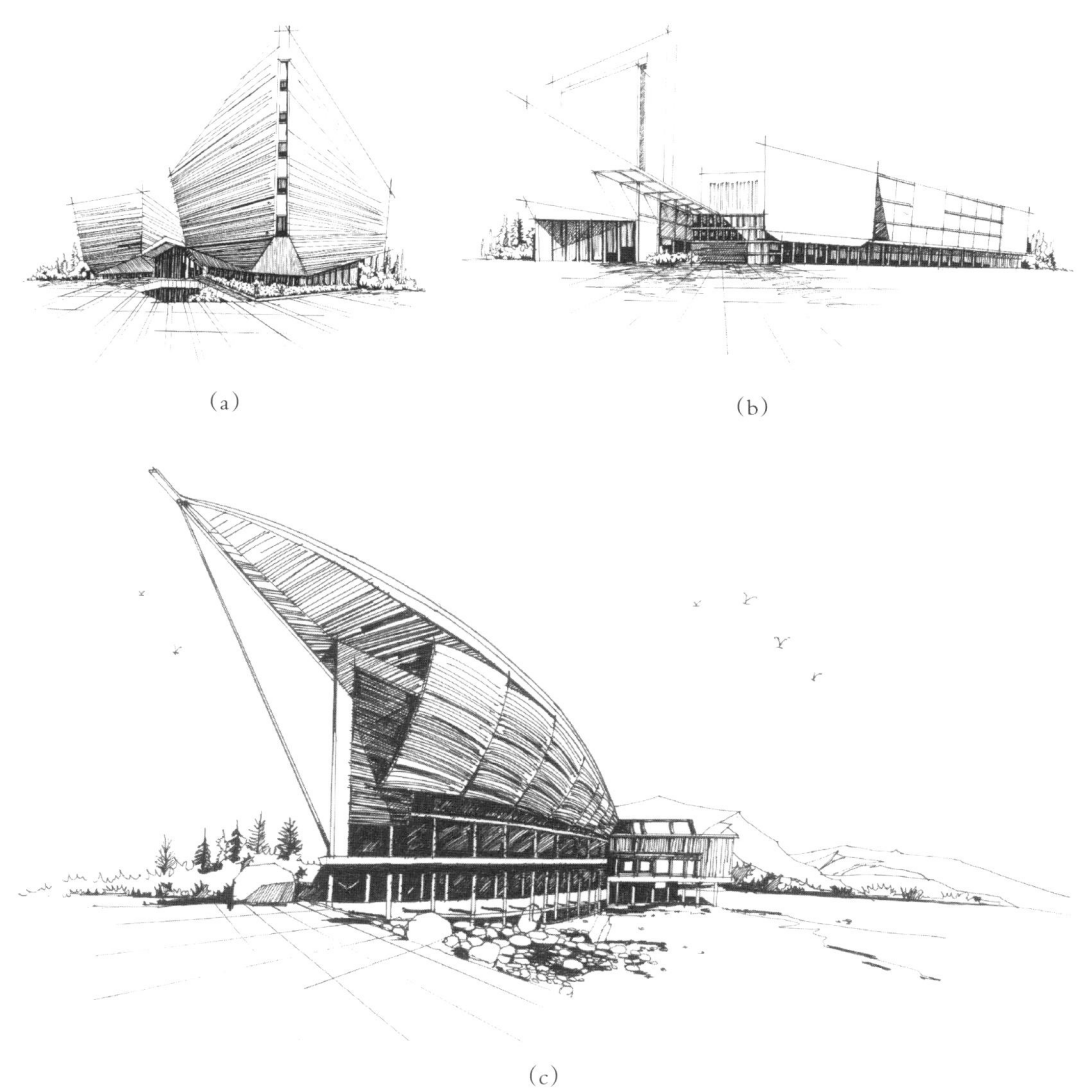

（a）　　　　　　　　　　　　　　　　（b）

（c）

图1-8　现代建筑钢笔画作品

（d）

（e）

续图 1-8

设计者在创作建筑钢笔画时取材于自然，并将其以新的形象呈现出来，在创作与构思时还需要考虑以下因素。

**1. 色调的变化**

不同形式的线条排列能够形成不同色调和明度的变化，钢笔画的体面、光线、质感、空间都离不开色调和明度的变化，合理应用排线去组织具有明暗渐变、空间深度的素描效果是钢笔画的重要表现（图 1-9）。

根据画面中光照的方向合理刻画出各建筑物及配景的背光面阴影效果，同时不同位置的光照效果不一，阴影色调深浅也不尽相同

路面石块迎向太阳，它的阴影较其他建筑物的阴影颜色浅

利用光照明暗简单勾画出山路凹凸不平的纹理

建筑物前空地路面整体迎向阳光，且没有任何遮挡物，因此留白表示路面强烈的光照效果

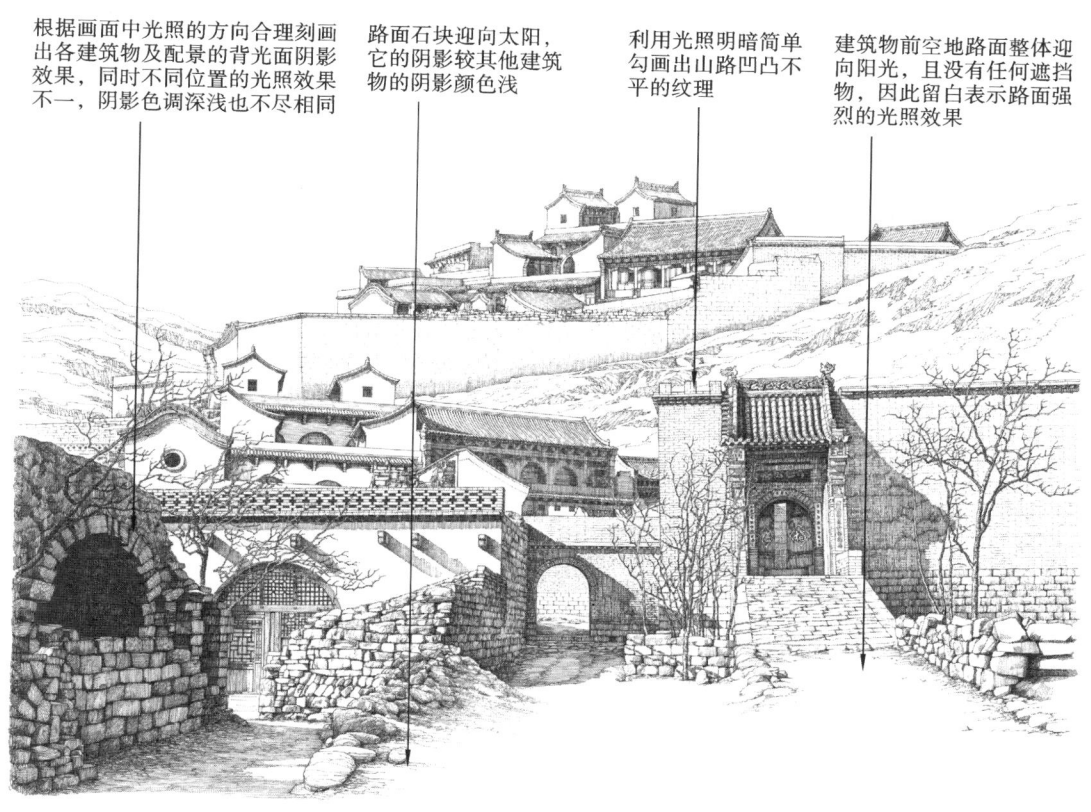

图 1-9　写实钢笔画（庞恩昌）

### 2.肌理质感的表现

用不同线条编排出不同的变化，形成不同肌理效果，从而刻画出建筑及配景的形态与特性。刻画肌理效果主要有不规则波纹状、点、平行线、交错排列和点的罗列等多种线形绘制方式（表 1-1）。

表 1-1　肌理质感的表现

| 线条形态 | 不规则波纹状 | 点 | 平行线 | 交错排列和点的罗列 |
|---|---|---|---|---|
| 手绘线条表现 | | | | |
| 绘制效果 | 木材的纹理 | 物体质地细腻，表面合理过渡 | 简洁平滑的肌理 | 粗糙无序的质感 |
| 钢笔画效果 | | | | |

### 3. 黑白块面与点的运用

运用黑白块面能够增强黑白对比及物体的体积感，增加画面层次、立体感，进而突出画作主题（图1-10）。点是物体在空间的一种状态，点的运用不可缺少，在线的基础上用大小、轻重、疏密不同的点补充，增强表现力，如草地、水面、远山、水泥建筑等（图1-11）。

建筑门洞大量运用黑色块面，凸显了门洞的深远及厚重感，整体建筑使用简洁轻快的块面及线条勾勒出了建筑的体积及厚重感

整体画风简洁明了，配景树运用不同粗细的黑色块面快速勾画了树形

配景石块采用黑白块面的形式勾画，凸显了石块本身的质感及分量

画中建筑在合适的位置使用了不同大小的黑白块面，加深了建筑整体神秘感，同时也凸显了其厚重感

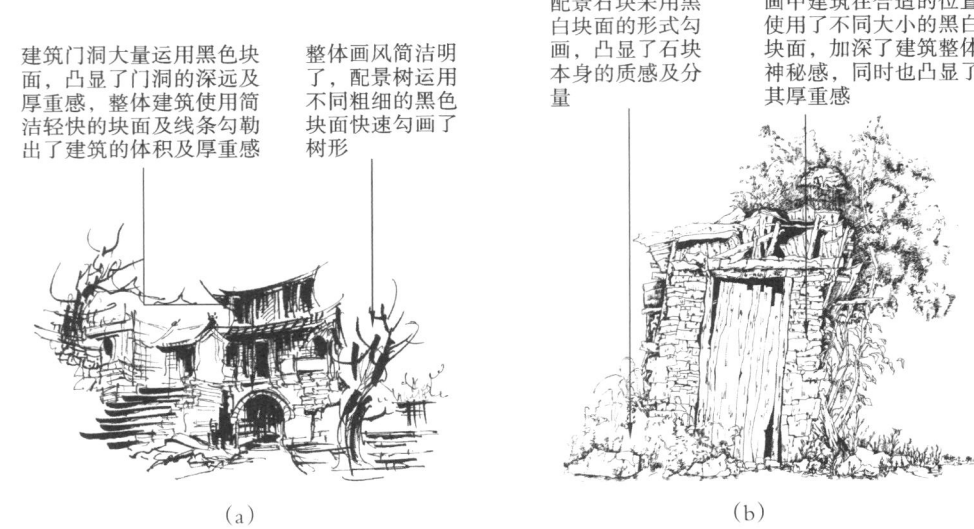

(a)            (b)

图1-10　黑白块面的运用

采用点的形式勾画出了不同形态及物种的配景树，且受采光和距离的影响，树的颜色深浅及大小各不相同

用点勾画出生动的马驹形象，恰到好处的留白及明暗处理，让马驹很好地和周围的景物融合在一起

迎光面的路面及屋顶适当的留白，表示被积雪覆盖的部分，同时恰到好处地勾勒出场景中的季节

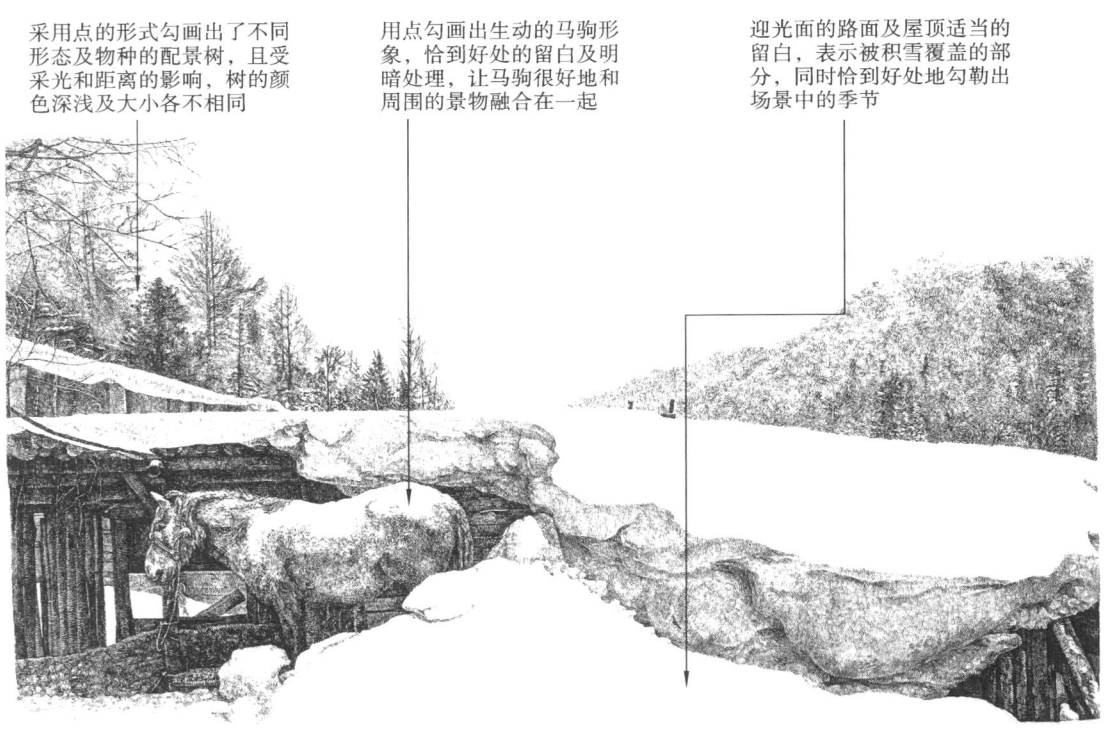

图1-11　点的运用

## 第二节　建筑钢笔画的意义

　　建筑钢笔画作为常见的一种建筑绘制表现形式，不光着重于对自然物象的客观再现，强调创作者主观情感的表达，而是对客观物象加以再创造，从自然界中发现美，发掘出新意，并用绘画的形式记录下来，同时也是传递设计思想的载体（图 1-12）。建筑钢笔画具有很强的表现力，可以运用不同的表现形式来清晰地表达建筑的体块及空间关系，所表达的画面往往具有独特的艺术感染力和审美价值。

（a）　　　　　　　　　　　　　　　（b）

图 1-12　手绘钢笔画

　　建筑钢笔画是一门独立的绘画表现手法，也可用作色彩快速表现的线稿（图 1-13 ～图 1-17）。在以建筑钢笔画为线稿的基础上，可以用马克笔、彩色铅笔、钢笔淡彩等上色工具快速表现着色。

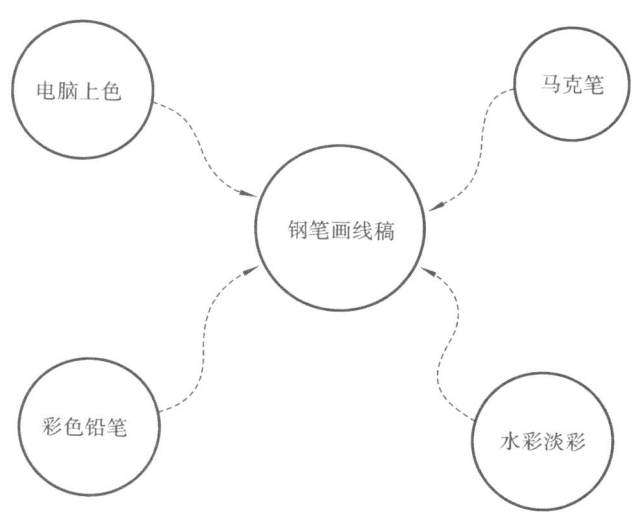

图 1-13　钢笔画线稿与色彩快速表现

钢笔淡彩画，在钢笔线描稿的基础上在建筑界面的交界处和结构转折处施以适当的色彩，使画面达到结构清晰、色彩轻快的艺术效果

(a)

(b)

(c)

图1-14　水彩钢笔画

在钢笔线描稿的基础上，以水彩为施色材料，勾画时水分比较多，颜料只是蜻蜓点水般画上去，画面响亮，表现快捷，深受多数建筑手绘者喜爱

（a）

（b）

（c）

图 1-15　钢笔淡彩画

（a）

图 1-16　马克笔钢笔画

(b)　　　　　　　　　　　　　　　　(c)

在钢笔线描稿的
基础上，选用马
克笔作为绘画工
具，作品笔触遒
劲有力，色彩透
明、艳丽，也是
目前设计表达形
式中最常用的一
种工具

(d)

续图 1-16

在钢笔线描稿的基
础上，淡淡地施以
颜色，可以达到清
新淡雅的艺术效果，
尤其是在建筑界面
的交界处和结构转
折处施以适当的色
彩，使画面达到结
构清晰、色彩轻快
的艺术效果

(a)

图 1-17　彩铅钢笔画

（b）

（c）

续图 1–17

### 快速学习建筑钢笔画的小技巧

小　贴　士

　　成为一位优秀的建筑钢笔画大师不是一蹴而就的，而是靠长时间的练习日积月累形成的。大家最初学习建筑钢笔画最快捷、简便的方法就是临摹。只要经过反复的绘制练习，基本上能够掌握一套完整的表现语言，这也是学习建筑钢笔画最好的一种途径。

　　在绘制钢笔画的过程中是不能随意修改的，需要通过反复的临摹练习掌握一到两种表现技法。临摹时要注意把握全局，尤其注意把握画面中的透视、比例等方面。建筑钢笔画临摹需要从简到繁开始练习，逐次增加练习难度，要有计划地临摹练习。

## 第三节　建筑钢笔画工具与技法特点

　　建筑钢笔画的工具和材料在所有的艺术与设计表达形式中是最简单的。甚至说，一张纸与一支笔就可以完成一幅作品。但是随着新技术、新材料的发展，绘画工具不断丰富，建筑钢笔画的表达形式也更加多样化。了解工具材料是掌握一门技法的前提。建筑钢笔画的工具材料很多，大家不需要一一掌握，但对一些常见的工具材料以及性能特点必须有一个整体的了解，下面就介绍几种最常用的工具和材料。

### 一、绘制工具与使用

　　笔的种类繁多，主要有钢笔、美工笔、针管笔、蘸水笔、圆珠笔、记号笔、宽头笔、

马克笔等。每种笔都能展现不同的艺术效果，大家可以根据特定的要求选择合适的工具（表
1-2）。

表 1-2　建筑钢笔画工具

| 建筑钢笔画工具 | 图　画 | 线 条 特 性 | 特　点 |
| --- | --- | --- | --- |
| 钢笔 | | | 钢笔是建筑钢笔画中最普通的作画工具，有很强的表现力，既可画出简单、明确的单线，也可通过线的排列而构成色调，线条疏密亦可表现色调层次和变化 |
| 美工笔 | | | 美工笔为特殊弯头钢笔，可以画出粗细不均的美丽线条，可粗可细，画面效果灵活，对比鲜明，适合表现条和块面结合的画面效果，也适合对表现对象灵感源泉的快速记忆 |
| 针管笔 | | | 型号和规格多样，出水流畅，画出的线条匀称，可根据需要选择笔尖粗细不同的笔，适合表现线条精确，色调细腻的钢笔画，可以表现出风格迥异的线描效果 |
| 蘸水笔 | | | 蘸水笔根据不同的笔尖可以画出或粗壮坚硬或纤细柔韧的线条。配合清水使用时，能够画出水墨画的效果 |
| 其他种类的笔 | | | 圆珠笔、记号笔、宽头笔、软性尖头笔、马克笔等工具也可作为钢笔画的作画工具，使钢笔画的表现方法更加丰富多样 |

## 二、绘图常用的纸张与材料

建筑钢笔画对于纸张的要求不高，通常质地较密实、光洁、有吸墨性且运笔流畅的纸最为适宜。建筑钢笔画用纸种类很多，不同质地的纸张画出来的效果大不相同。常用的纸张主要有素描纸、绘图纸（图1-18）、复印纸、铅画纸、卡纸、白板纸、毛边纸、牛皮纸等。现有的纸张有180 g、200 g、240 g、300 g等规格，通常克数越大的纸张就越厚，平整度也越好，初学者宜采用铅画纸，能够熟练地表现钢笔画肌理效果后用纸便可不必讲究了。纸张类型和特点如下。

（1）素描纸质地粗糙，特别容易损伤钢笔、针管笔的笔尖，不适用于建筑钢笔画，适合美工笔创作。

（2）绘图纸和复印纸的质地柔软，吸水性良好且表面光滑平整，适合任何绘画工具。

（3）素描速写本和水彩速写本种类繁多，规格齐全，携带便捷，也适合钢笔画的创作。

（4）有色纸（图1-19）广泛运用于钢笔画的创作中，这种纸张能够降低钢笔线稿线条的明度对比，创作出来的作品能够呈现出柔和的视觉效果。

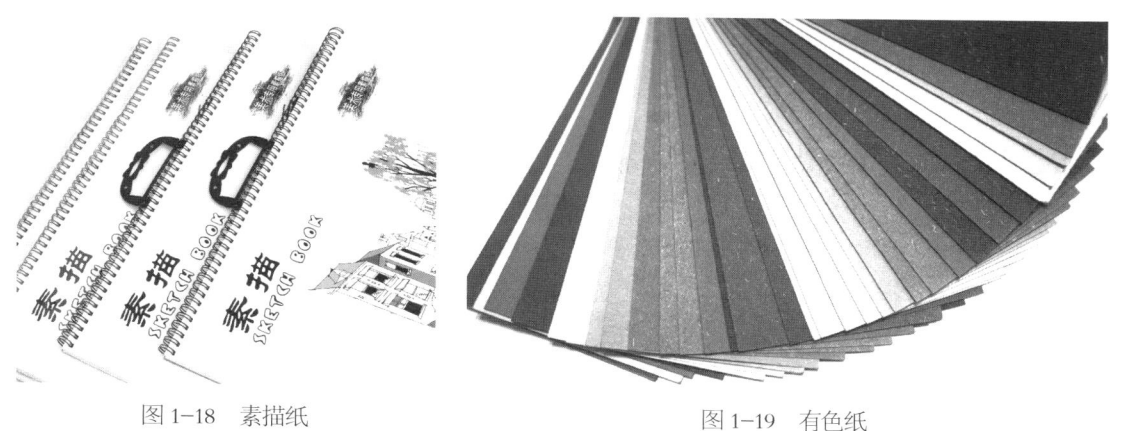

图1-18　素描纸　　　　　　　　　　　　　　图1-19　有色纸

## 三、其他辅助工具

其他辅助工具有墨水、涂改液、透明胶带、绘图三眼钉、曲线板、比例尺等。在使用注水钢笔和美工笔时会用到墨水，但要注意如果是创作钢笔淡彩画（图1-20）（在钢笔线稿基础再用水彩上颜色）的线稿，那么就必须使用专业的墨水，避免钢笔线稿在上色过程中脱色。钢笔画大多采用黑色的墨水，但偶尔也用要用蓝色或红色墨水。但蓝色或红色墨水往往会因为墨水色缺乏变化而无法很好地表现，所以最好选用黑色墨水。通常情况下钢笔线稿不允许做修改，也是不容易二次修改的，在特殊情况下大家可以使用涂改液进行

（a）

图1-20　钢笔淡彩画

（b）

（c）

续图 1-20

适当的修改。在创作之前纸张需要用透明胶带固定，在钢笔画的创作过程中还可以使用一些辅助工具，如各种形状的毛笔、蘸水钢笔、马克笔等。大家在熟练掌握工具的使用基础上，可以根据自己的绘画风格选择合适的使用工具，提升画作的艺术特色。

### 小贴士

**如何提高建筑钢笔画的准确性和熟练度**

钢笔画具有不易修改的特点，画错了就意味着前功尽弃，大家在练习的时候一定要直接用钢笔绘制，这样有利于把所有的精力集中到画面上。最初可以从简单的建筑单体、植物配景开始临摹，然后逐步组合深入构图，直至能够独立完成整幅的建筑钢笔画。最后通过反复的绘制练习，基本上能够掌握一套自己的绘画技巧及制图风格。

## 四、建筑钢笔画的技法特点

钢笔画归类于黑白艺术之列，赋予作品很强的视觉冲击力和整体感。一般来讲建筑钢笔画大致可分为两大类：一种是美术家及绘画爱好者创作的钢笔画艺术作品（图 1-21），另一种是建筑设计师笔下的建筑制图（图 1-22）。钢笔画艺术作品会对作品中非主要的或不影响主题刻画的次要元素故意做一些艺术的变形、夸张、概括和省略，对物体的描绘也不会十分准确、细致，这种绘画方式主要着眼于它是一幅可供欣赏的艺术品。而建筑制图主要用于工程规划、设计、展示、观赏，这种绘画要求准确、真实，是能够实际实施组建实体建筑的方案（图 1-23）。

整幅作品采用
写实的绘画手
法再现了古旧
农家小院中的
一景一物，园
中茅草棚及木
头支柱等每一
处景象都勾画
得栩栩如生

虽只有黑白线
条，路面及其
他景物光照阴
影刻画得非常
细致

（a）

（b）

图1-21　写实建筑钢笔画

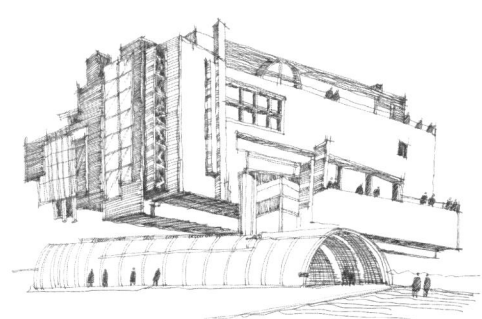

（a）　　　　　　　　　　　　（b）

图1-22　建筑钢笔画设计方案

（c）

续图 1-22

（a） （b）

画面中，除却建筑主体，还有一些人物配景及植物配景。其中配景人物和植物都采取了虚化处理，只刻画出了大致的形态，并没有细致地深入描绘，也避免了喧宾夺主

主体建筑是一座尖顶塔楼和低矮的楼群，房屋整体线条流畅简洁，光照阴影细节处理到位

（c）

图 1-23　建筑钢笔画速写

# 第四节 建筑钢笔画作品欣赏

建筑钢笔画作品赏析如图 1-24 和图 1-25 所示。

（a）

（b）

图 1-24 建筑钢笔画作品

(c)

(d)

续图 1-24

(e)　　　　　　　　　　　　　　　(f)

(g)

续图 1-24

（h）

（i）

续图 1-24

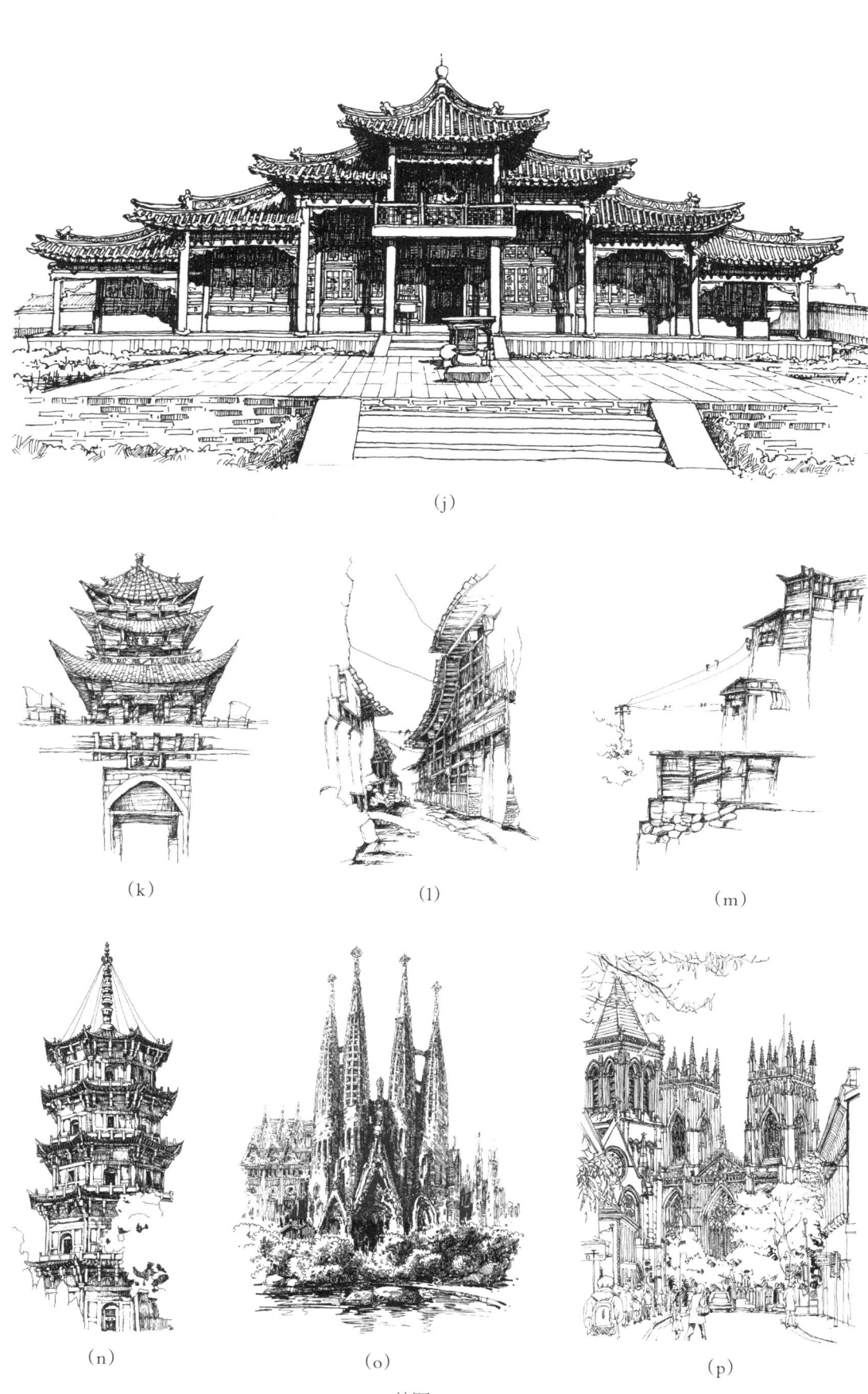

（j）

（k）　　　　　（l）　　　　　（m）

（n）　　　　　（o）　　　　　（p）

续图1-24

（q）

续图 1-24

郑昌辉的著作
有《图解思考
与设计表现：
俄罗斯列宾美
院建筑创作课
程精编》《新
概念建筑钢笔
画》。

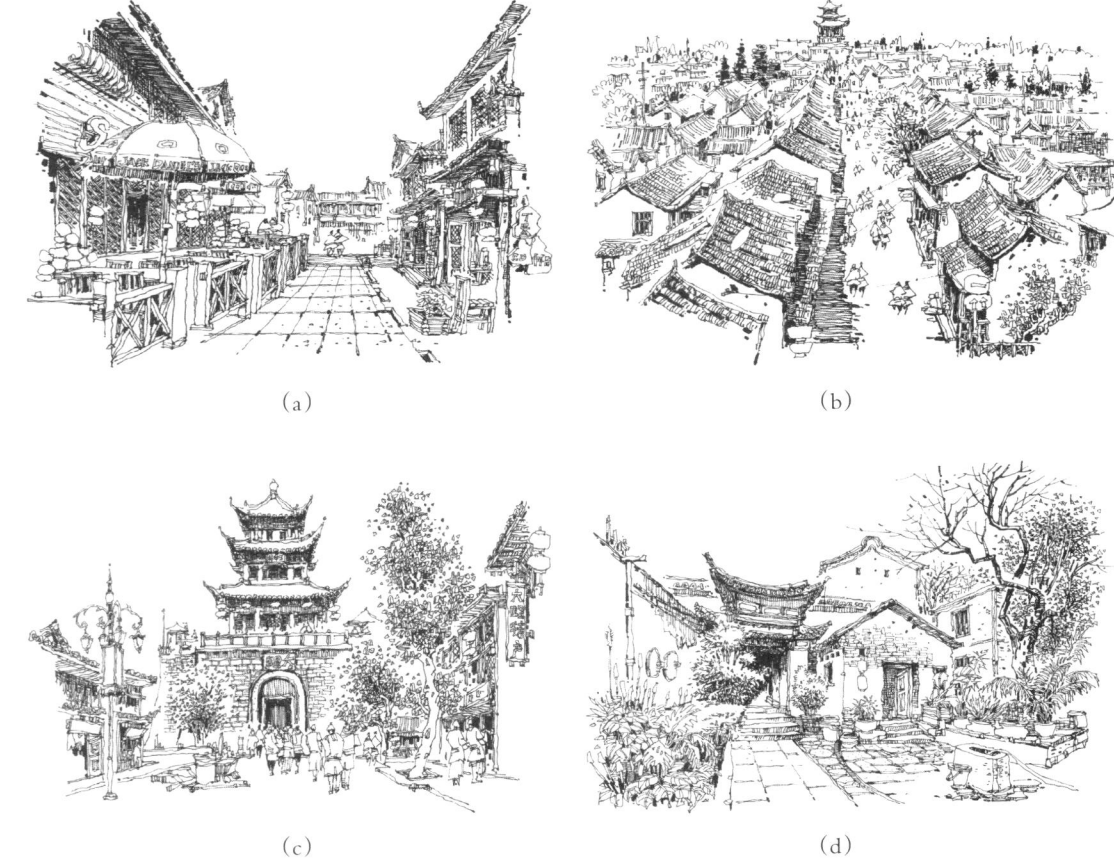

（a）

（b）

（c）

（d）

图 1-25　大师钢笔画作品（郑昌辉）

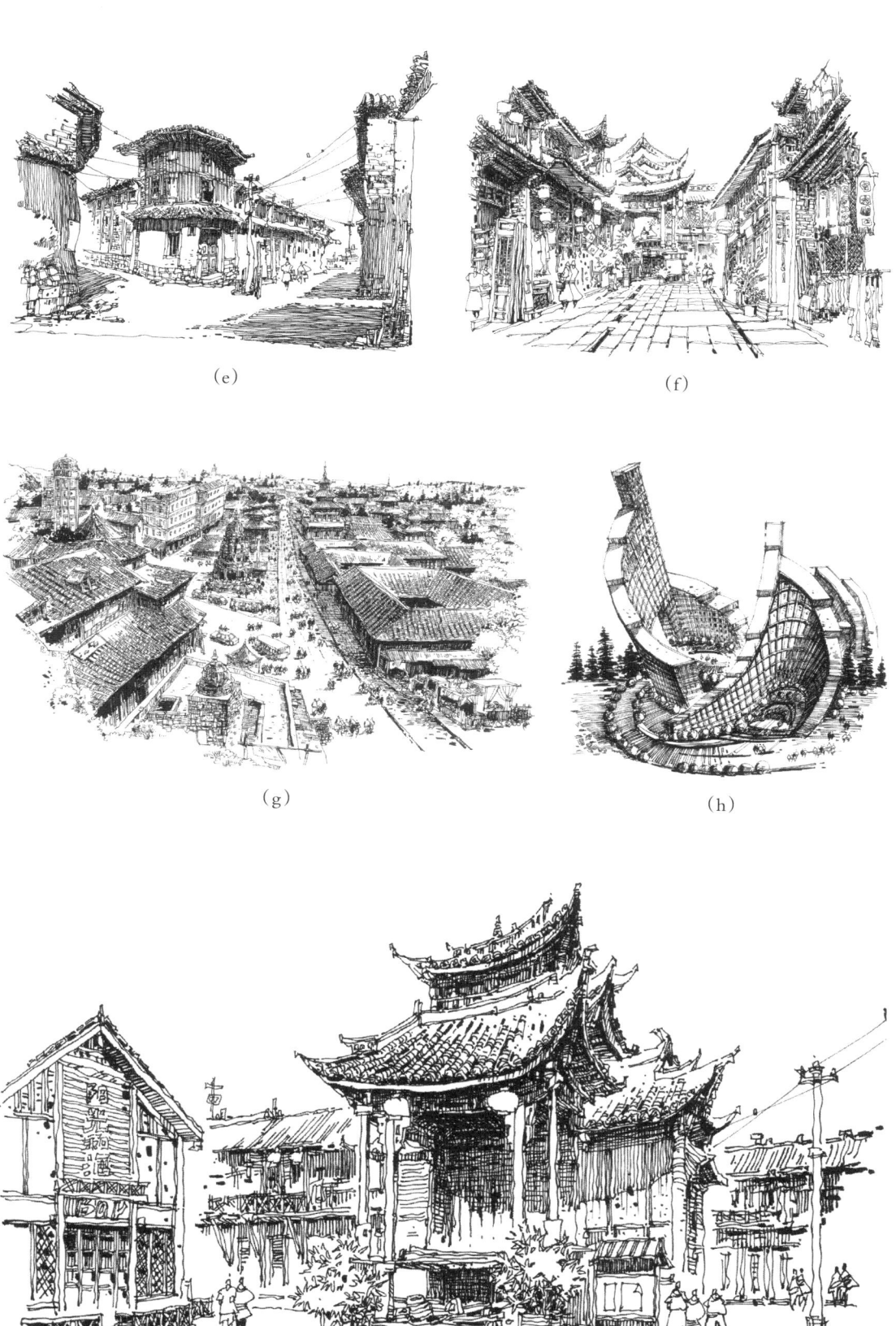

（e）

（f）

（g）

（h）

（i）

续图 1-25

30

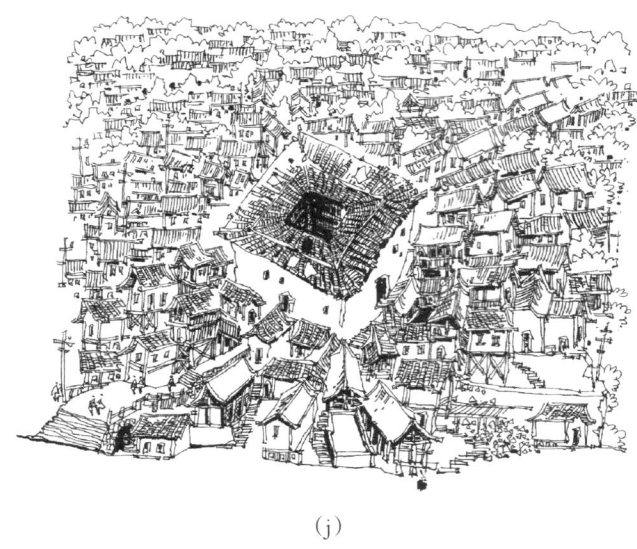

(j)

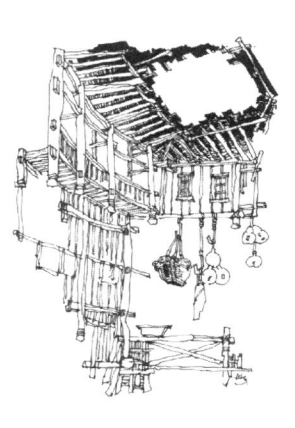

(k)

(1)　　　　　　　　　　　　　　　　　　　　（m）

续图 1-25

# 思考与练习

1. 什么是建筑钢笔画？

2. 建筑钢笔画的意义是什么？

3. 简述建筑钢笔画是如何发展的？

4. 建筑钢笔画有什么表现特点？

5. 建筑钢笔画常用的纸张有哪些？它们又有什么特质和要求？

6. 列举 5 种常用的建筑钢笔画工具，并简述其中 1 种工具的特点。

7. 观察各类画笔笔尖之间的差异及各自线条的风格特点。

8. 尝试绘制一个建筑单体，并使用不同种类的画笔来进行创作，对比观察画面效果。

# 第二章
## 建筑钢笔画基础知识

学习难度：★ ★ ★ ☆ ☆

重点概念：基础知识、透视原则与规律、画面构图

**章节导读**　　建筑钢笔画能提高对物象的记忆能力和丰富的想象力，通过学习建筑钢笔画的过程，逐步掌握正确的观察方法和表现方法，不断提高审美能力和设计能力。建筑钢笔画是艺术设计专业的基础课程。本章从建筑钢笔画的基础知识入手，引导学生了解建筑钢笔画透视的基本原则与规律及画面构图，帮助学生明确学习目的，树立正确的学习理念，掌握适合的学习方法（图2-1）。

图 2-1　徽派建筑钢笔画速写（童瑶）

# 第一节　基础线条练习

　　线条是钢笔画的基础组成部分，是初学者必须掌握钢笔画的内容。线是视觉形式的基本表现手段，钢笔画利用线条的变化（曲直、粗细、长短、浓淡、快慢）可以给人们带来不同的视觉感受。线条可以成为一幅画中重要的因素，它可以有自己的一种生命，一种表现力，以及自己的个性特征。因此，初学者可通过有针对性的长期不间断的练习来提高绘制线条的能力，画出具有特色的线条（图 2-2）。

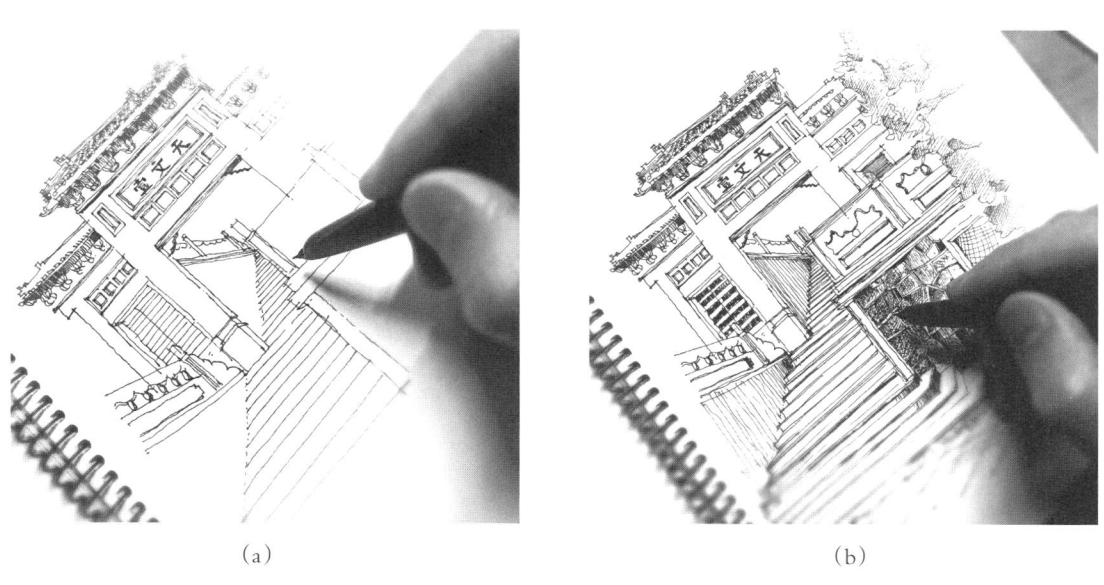

(a) (b)

图 2-2　建筑钢笔画创作

## 一、常规的线形

### 1. 平行直线、弧线

通过慢线、抖线、曲线的不同来展示线条排列的视觉感受，让大家能够更直观地看出不同线性在表现上的区别。通过下面这些不同色调和表达方式的直线条，让大家学习到各种线条的特点，为建筑钢笔画的表现学习打下基础，做好准备（图 2-3、图 2-4）。

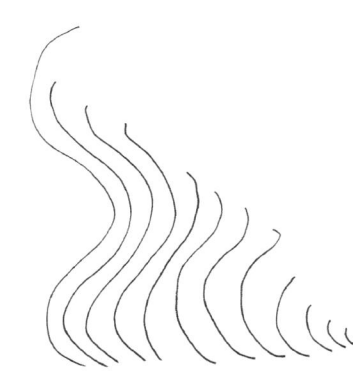

图 2-3　弧线练习

图 2-4　平行直线图

### 2. 交叉直线

交叉直线图如图 2-5 所示。

## 二、不规则的线形

### 1. 紧线

紧线具有快速、均匀的特点（图 2-6）。

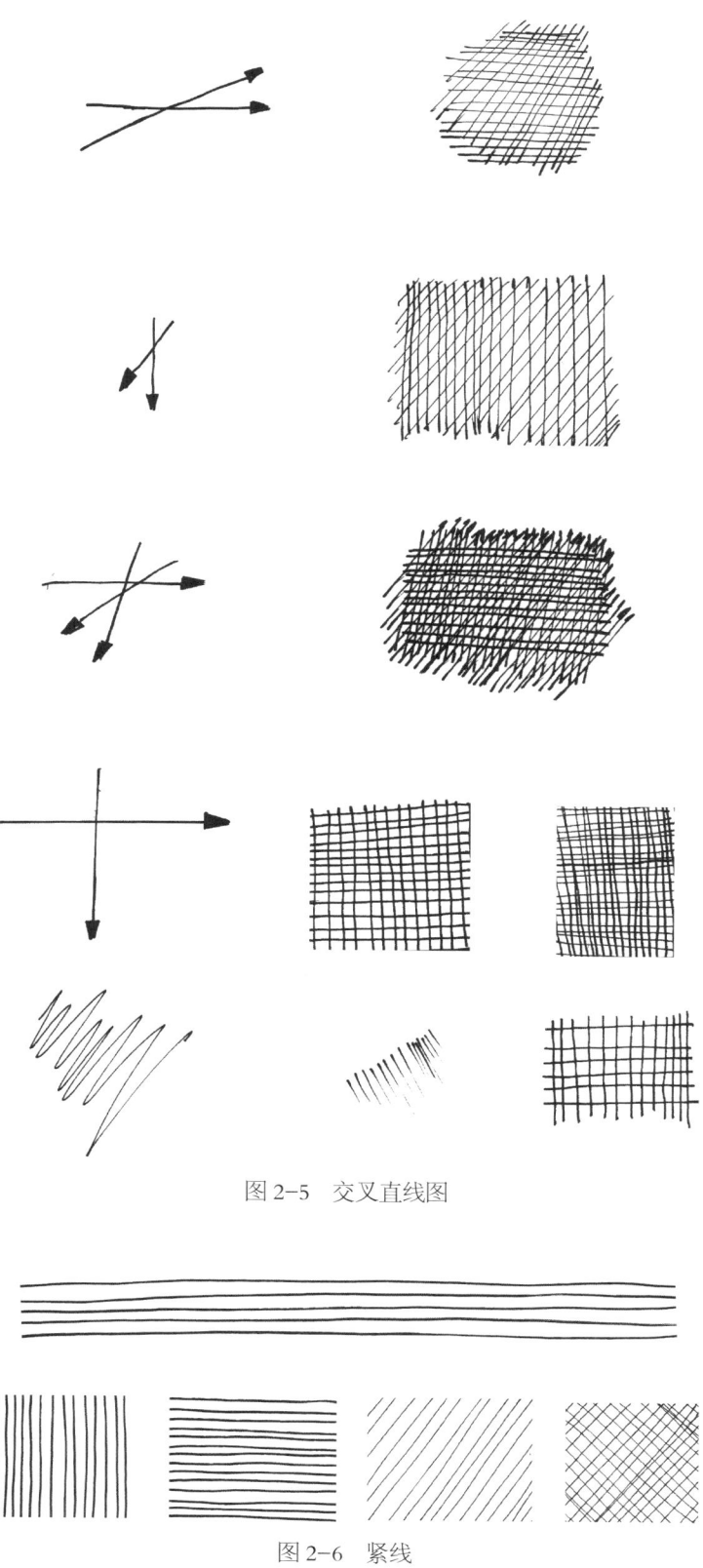

图 2-5 交叉直线图

图 2-6 紧线

## 2. 缓线

缓线具有缓慢、随意的特点（图 2-7）。

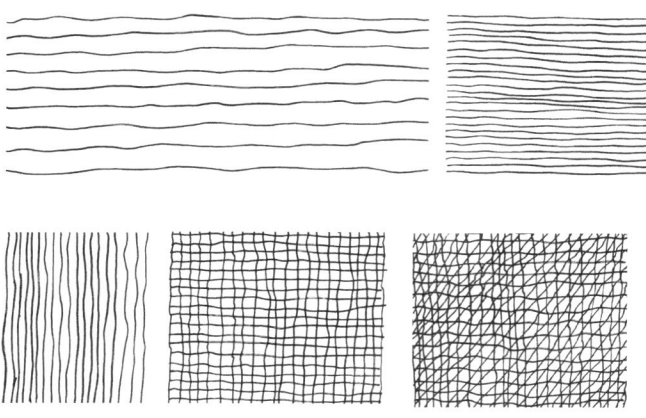

图 2-7　缓线

### 3. 颤线

颤线具有颤动、轻松、舒缓的特点（图 2-8）。

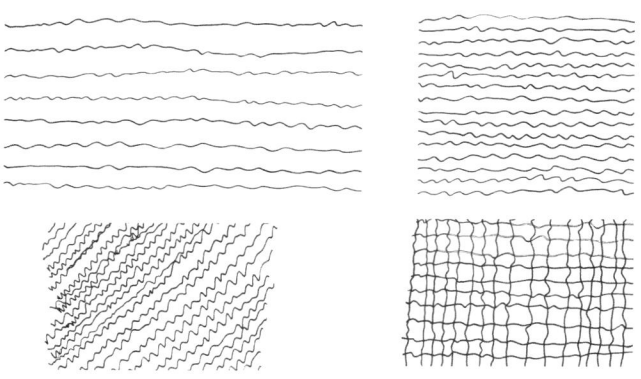

图 2-8　颤线

### 4. 随意的线

随意的线具有波形、圆形和不规则的形状（图 2-9）。

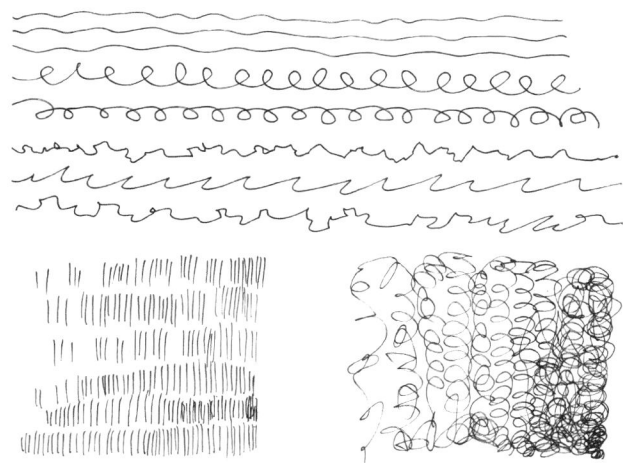

图 2-9　随意的线

## 钢笔画线条的练习方式

小贴士

钢笔画线条的练习方式可依照下列方法。

（1）配合手指反复练习不同方向的短线条，用手腕画中等长度的线条，并且要反复练习。

（2）协调运动肘、肩膀，反复画长线条。

（3）综合练习多样化的线条，注意起笔、运笔、收笔、快慢等的节奏变化，保持线条的流畅性、随意性。

（4）将线条组合形成色块，练习多种排列组合，形成不同的色块肌理、明暗调子。

# 第二节　画面构图

在建筑钢笔画中，并不是建筑周边所有映入眼帘的景物都要入画，只有引起注意、美的景物，经过构思、创作才能形成一幅美好的作品。因而大家要善于发现美，学会取景，并运用构图取景的规律，表现美和创造美。所谓构图，即合理取景，进一步组织画面构图，其对整幅作品的成败起着至关重要的作用。画面分为近景（前景）、中景、远景三大块面，它们相辅相成，缺一不可，还能增加画面的空间层次感，使画面丰富多彩（图 2-10、图2-11）。

这幅钢笔速写画，描绘的是典型的江南水乡场景。淋漓尽致地将江南那种惬意、悠然的生活呈现在作品中。岸上江南特有的低矮古老建筑，连接两岸的桥梁，悠闲的渔家和小船，平静的湖面，这些都表现居民的美好生活，令人心生向往之情

（a）

图 2-10　阿王江南水乡钢笔速写

这是作品中的近景（前景）。渔家划动渔船，从水纹可以看出渔船的动势，位置也在画面的最前面，一眼就能看见，令整个画面生动活泼

这是作品中的中景，一排典型的江南水乡特有建筑，有着浓浓的水乡气息，也正是这排建筑大家才能看出这幅作品的地理位置和作品背景，才能更好地理解画家赋予作品的灵魂

这是作品中的远景，作为远景通常是作为虚化的背景出现的。远处的水桥、树木，是近景和中景的配景，近实远虚，采用简单的线条勾画，既丰富了作品，又是作品构图结构平衡所需

（b）

（c）

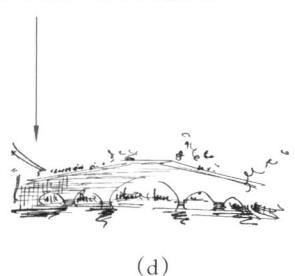

（d）

续图 2-10

通过近景（前景）、中景、远景三者之间的相互融合，作品中展示了牌楼下街市景点的繁华景象。其中街道两侧建筑林立，路面及两旁景观树也繁多，道路远处也有不少参观的游客及店铺，场景引人入胜

（a）

这是作品中的近景（前景），作品中所有的人物活动及配景主要是围绕这个主题牌楼进行的。这个牌楼呈现古体建筑形态，整体营造出了一种古老、神秘、欢腾氛围

这是作品中的中景，主要是道路两旁的配景树木和建筑群。所有的中景都只是大致刻画出了形态，反衬出街景的繁华及欣欣向荣的画面感

这是作品中的远景，将中景中的房屋延伸出去，体现了街道无尽的长度。还有远处人物的刻画，同时也加深了街道的一派繁华、热闹的景象，也给人留有了想象的空间

（b）

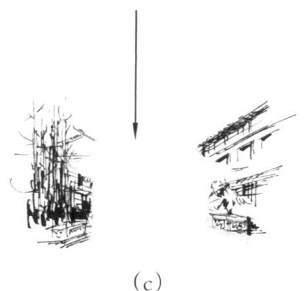

（c）

（d）

图 2-11　阿王青木川古镇钢笔速写

　　在取景构思时，远取其势，近取其质，适当地取舍一些元素，明确区分概括处理与重点刻画的部分，突出画面中的主题，在必要时也可通过移景的方法将其他地方的因素转移到取景范围内，进行合理的组合描绘，使画面更为完整。取景方法如下。

　　（1）选取描绘景物的范围取景。初学者写生取景时，可用相机拍下来，再进行创作。

（2）在取景范围有不美观的景物可运用移景法，将美的景物移到画面中，适当填补空缺瑕疵的地方。

## 一、画面的布置

一般来讲，在建筑钢笔画中，画面的形成主要是通过黑、白、灰三个色度关系来表现的。在画面的结构上，由于远近距离的不同会产生近大远小和线、形的透视变化，同时也会产生色彩和色调的透视变化。创作中需要把握形体与形体之间或是形体与背景之间的对比关系以及物像本身受光影的影响而形成的色调变化所具有的空间意义。正确地运用这些层次关系变化可以清晰地表现出景象的远近、虚实，并使画面产生纵深感（图2-12）。

(a)　　　　　　　　　　　　　　　　(b)

(c)

图2-12　景象的远近、虚实及画面纵深感

（d）

远景中的高楼对比近景中的高楼颜色处理得较淡，且明显较小，展现出远景大近景小的透视效果，使得画面更加立体，也更加真实

此处颜色较所有的远景高楼颜色要淡，且最为虚幻，可以看出此处也是最远的高楼，所以才这样处理，让画面远近虚实更加真实

同为画面中近景建筑，由于受光照不同，不同的建筑所体现的色调深浅也不一

作品中景物色调的深浅除了表达光照及透视关系外，在刻画植物时，还能够表达植物的种类

（e）

续图 2-12

## 二、画面的构图

构图是建筑钢笔画中一个不可或缺的重要环节，最初的构图方案正确与否也是决定着最后作品的好坏。完整的构图能够通过巧妙构思把作品中所要表达的主题内容和作品中的情感传递出去，作品构图布局要均衡、形式多样且统一，总结起来主要表现在以下两个方面。

## 1. 布局均衡

所谓布局均衡，并非传统意义上作品画面的对称或平衡，而是有着更高层面上的均衡且多样统一。例如，画面上下左右给人视觉传达的比重，需要在构图时通过画面颜色的色调、物体的分配布置来调节，达到视觉上的对称与平衡，在视觉上还要多变、统一（图2-13）。

（a）

（b）

图2-13　布局均衡

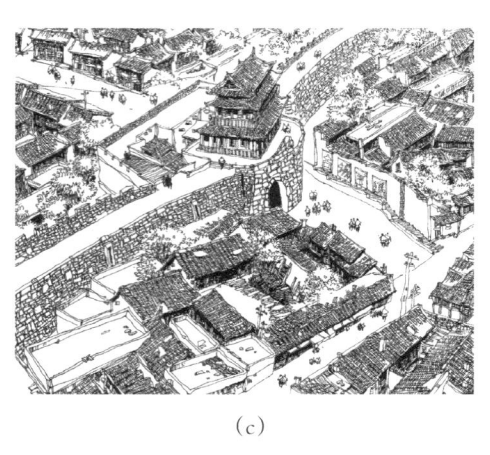

（c）
（d）

续图 2-13

## 2. 多样统一

作品的多样统一是布局均衡的基础条件，也是衡量一件优秀作品的重要条件。在满足作品画面景物及色调多样性的同时，又要达到整体布局统一性。相同景物的大小变化，使用线条的疏密变化，画面景物前后距离，不同比重色块占用面积的比重，这些都是作品中重要的设计元素，需要处理好各局部元素与整体的关系，使之和谐统一，既要有变化，又要调和、统一（图 2-14）。

（a）

图 2-14　多样统一

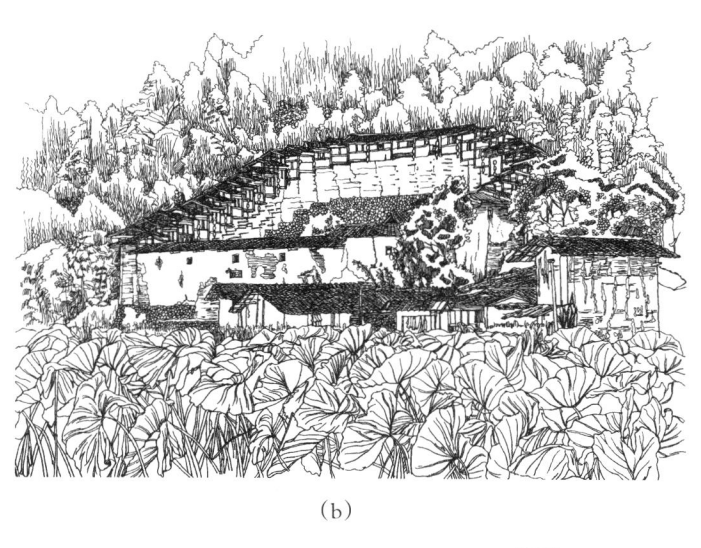

(b)

(c)

续图 2-14

## 三、构图的几种基本形式

　　构图所选择的基本形式由表现的主题内容而定，不同的构图会表达出不同的画面气氛，不同的构图形式也会给人不同的视觉及心理感受（表 2-1）。

表 2-1　构图的几种基本形式

| 构图的基本形式 | 水平式构图 | 三角形构图 | "S" 形构图 | 垂直式构图 | 辐射式构图 |
|---|---|---|---|---|---|
| 表达效果 | 画面形象稳定，具有静止、开阔、平和、静寂、疲劳的感觉，处理不好画面会显得呆板，缺少生气、韵味（图 2-15） | 三角形构图分为正三角形和三角形。正三角形构图稳定、庄重、严肃；三角形构图不够稳定，缺乏安定感，较少使用（图 2-16） | 情感表达流畅，空间表达深远，纵深感强，因其处理上的独特性而形成焦点，使画面更有趣（图 2-17） | 通常情况建筑不宜居中，能够增强建筑自身的高大、高耸的艺术效果，且避免构图呆板（图 2-18） | 运用比较普遍，其特点是纵深感强，有向内、向外伸缩的感觉，其布白的技巧尤为重要（图 2-19） |

**小贴士**

### 什么是空气透视法、线性透视法

　　空气透视法，所有景象都处于空气之中，而空气自身就有一定的透视作用，物体在受空气及光线的影响时会形成明显的色调对比和远近的强弱关系。线性透视法（焦点透视法），人们在观察景象时本身就会受视线的干扰，从而产生远处景象模糊、近处景象清晰的视觉感受。

44

画面中水平式构图庄严而沉静，打破了水平式构图应有的呆板、疲劳的感觉

建筑前的鲜花绿植使画面显得活泼，使原本单调、呆板的建筑更加富有生气和韵味

图 2-15　水平式构图

画面中建筑为三角形构图，显得稳重、庄重，线条自然随意，建筑特征与配景相互协调，打破建筑本身的平衡，使得画面更加随性、安定

作品构图只有建筑本身，并没有过多的配景元素，这也让建筑更加庄严、稳定、严肃，完美地体现了建筑自身的气质

（a）

（b）

（c）

图 2-16　三角形构图

流水形成半"S"形结构，画面效果独特，有很强的纵深感

"S"形结构空间表达深远，纵深感强，因其处理上的独特性而形成焦点，画面感强烈

(a)

(b)

(c)

(d)

图 2-17 "S"形构图

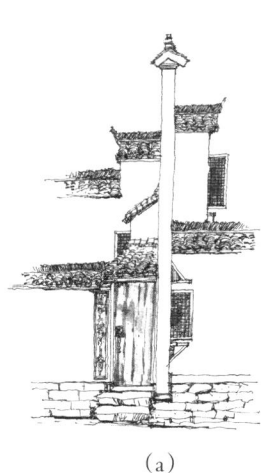

(a)

(b)

(c)

图 2-18 垂直式构图

建筑垂直式构图，能够
增强建筑自身的高大、
高耸的艺术效果，且避
免构图呆板

（d）

续图 2-18

街道上繁华、喧闹的景
象通过这种辐射式构图
的方式刻画出来，让街
景有了向画面外延伸的
画面感

（a）

桥梁孔洞给画面带来了
强烈的向内延伸感，同
时让画面的层次也更加
丰富

（b）

图 2-19　辐射式构图

（c）　　　　　　　　　　　　　　　（d）

续图 2-19

## 建筑钢笔画构图的注意事项

建筑钢笔画的构图应注意以下几点。

1. 角度的选择

选择好景物后，要尽量选择能代表建筑特征的角度着手。在建筑钢笔画中，建筑的正面和侧面较呆板，一般画建筑稍侧的角度。

2. 关于横竖构图

通常取景或建筑处于画面的横向位置时，采用横向构图；取景或高大建筑处于竖向位置时，采用竖向构图（图 2-20）。

3. 建筑物位置及大小

主体建筑不宜太偏，要稍微偏离正中间一些，建筑也不宜画得过大，也不宜过小，会使画面出现局促或主体建筑不突出的情况。

4. 焦点的设置

通过不同的画面处理方式，使建筑成为画面的焦点或注意力中心。

小贴士

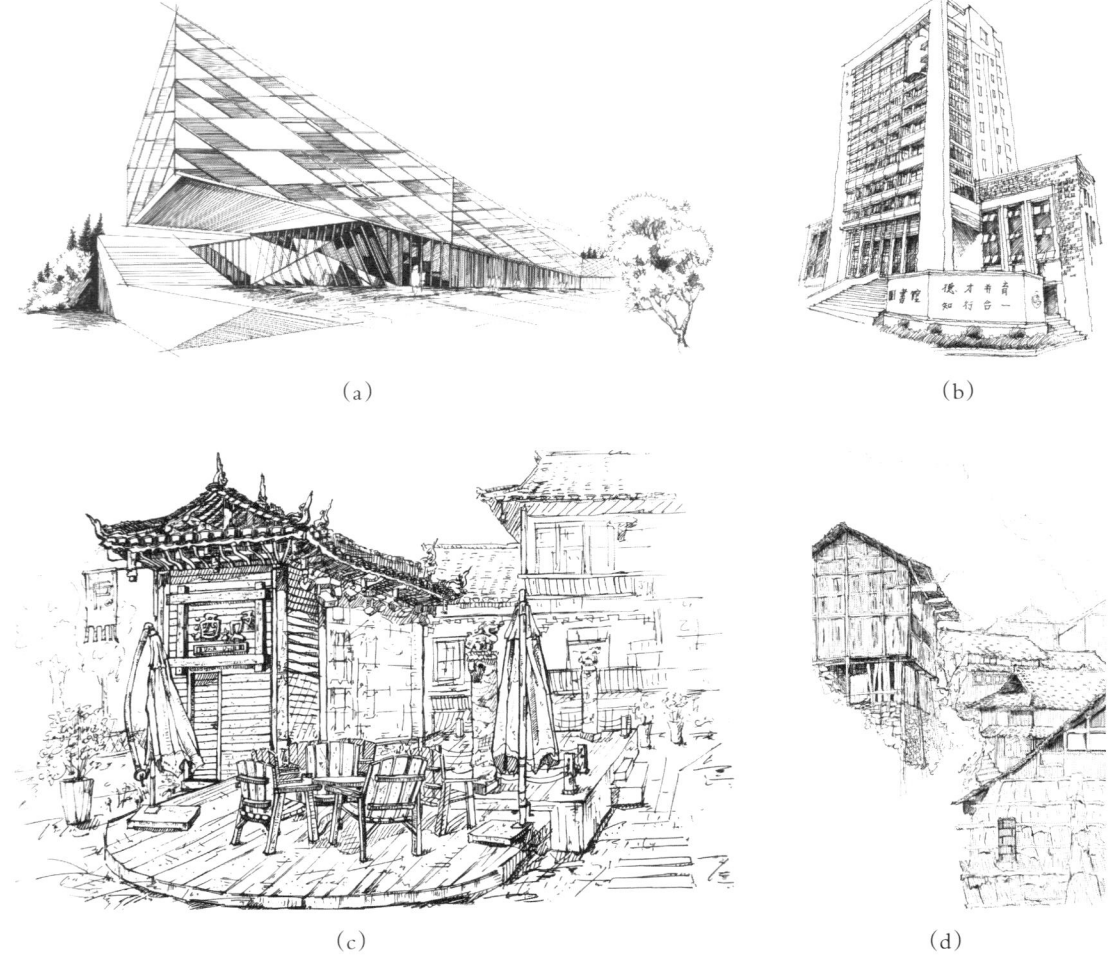

（a）

（b）

（c）

（d）

图 2-20　建筑钢笔画横竖构图

# 第三节　透视基本原则与规律

透视的英文为"perspective"，是指在平面或曲面上描绘物体的空间关系的方法或技术。

最初透视法是通过采用一块透明的平面去看景物的方法。将所见景物准确描画在这块平面上，即该景物的透视图。后来根据一定原理，在平面上用线条来显示物体的空间位置、轮廓和投影的科学称为透视学。在作画者和被画物体之间假想一面玻璃，固定住眼睛的位置，连接物体的关键点与眼睛形成视线，再相交于假想的玻璃上，在玻璃上呈现的各个点的位置就是要画的三维物体在二维平面上的点的位置。这是西方古典绘画透视学的应用方法。

狭义透视学特指 14 世纪逐步确立的描绘物体再现空间的线性透视和其他科学透视的方法。现代则由于对人的视觉的研究，拓展了透视学的范畴、内容。广义透视学可指各种空间表现的方法。

线性透视学的方法是文艺复兴时期的产物，即合乎科学规则，再现物体的实际空间位置。这种系统总结研究物体形状变化和规律的方法，是线性透视的基础。15世纪意大利画家 L.B. 阿尔贝蒂的画论叙述了绘画的数学基础，论述了透视的重要性。同期的意大利画家皮耶罗·德拉·弗兰切斯卡对透视学最有贡献（图2-21）。德国画家 A. 丢勒把几何学运用到艺术中来，使这一门科学获得理论上的发展。18世纪末，法国工程师蒙许创立的直角投影画法，完成了正确描绘任何物体及其空间位置的作图方法，即线性透视。达·芬奇还通过实例研究，创造了科学的空气透视和隐形透视，这些成果总称透视学（图2-22）。

图 2-21　耶稣受洗（皮耶罗·德拉·弗兰切斯卡）

图 2-22　最后的晚餐（达·芬奇）

## 建筑钢笔画透视的基本原则

建筑钢笔画透视的基本原则如下。

（1）近大远小。离画面最近的景物形态最大，越远则越小。

（2）由透视产生的灭点一定是处在视平线之上的。灭点是根据观察的角度来决定的，可以是一个或者多个，至多三个。但是一幅画的视平线只能有一个，视平线所处的位置越低，建筑物会显得更加耸立高大，越矮则建筑物也会随之变矮。

　　在进行建筑钢笔画绘制时，决定作品好坏的并不是作画者的高超绘画技巧，而是作品中的建筑及建筑配景的透视。因此，在绘制任何建筑钢笔画之前都必须对透视进行学习，掌握透视的基本原则和规律，从而更好地提升自己的创作能力（图2-23）。

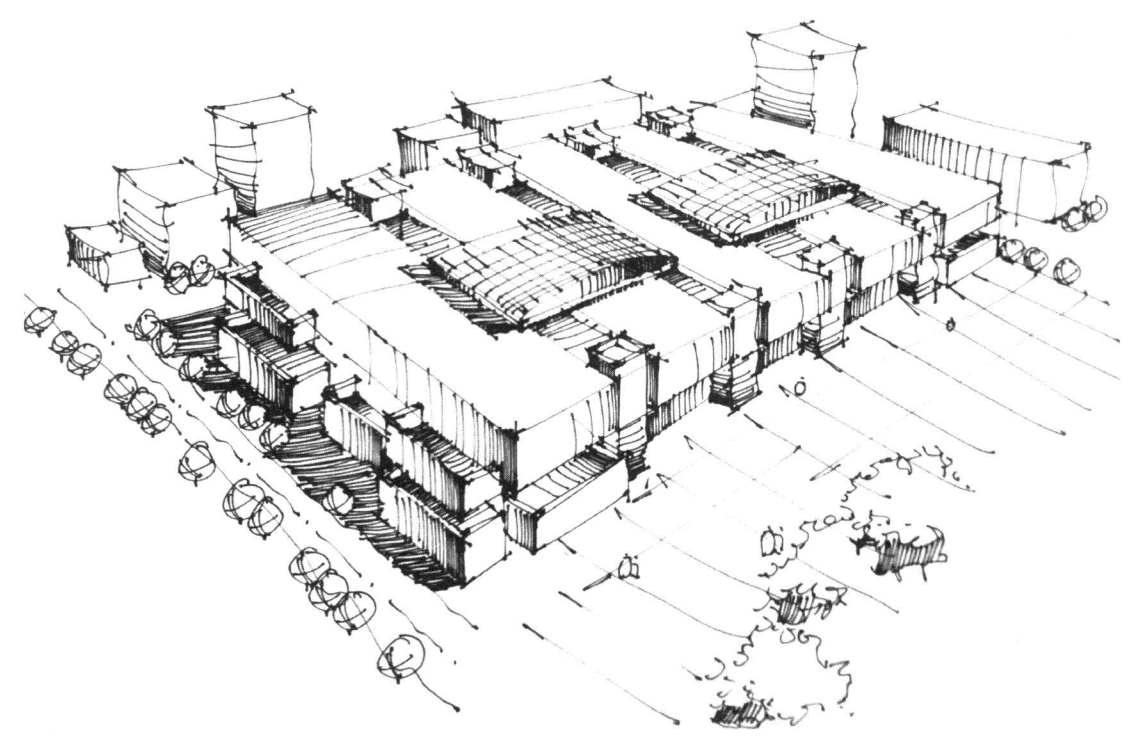

图2-23　建筑鸟瞰图

## 散点透视法的运用

小贴士

　　从人眼对物象的观看应该是属于焦点透视的，而在中国传统绘画中尤其是山水画却基本采用散点透视，为什么中国古代画家在描绘物象时会产生这样的视觉，这还是一个不解之谜。这其中是否还存在宗教的影响呢？中国传统绘画中散点透视的应用能给人的视觉感知上造成一种特殊的效果，这是毋庸置疑的。它给人们的视觉冲击体现的是一种无边的寥寂感，更多是感知一种自然魅力的神奇，给人以无限的时空想象。这也许就是散点透视在绘画应用中的特殊作用，把画家的心灵自由借助一种特殊处理手段加以夸大。

## 一、平行透视、成角透视、倾斜透视

### 1. 平行透视（一点透视）

建筑物与画面平行，近大远小的灭点消失关系表现为作画者眼睛正对着的点即为灭点，并且灭点位于视平线之上，这种透视现象被称为一点透视，也称平行透视。这也是建筑钢笔画中最为常见的一种透视法，具有强烈的纵深感，可以凸显出建筑场景的庄重、严肃的气氛（图2-24）。

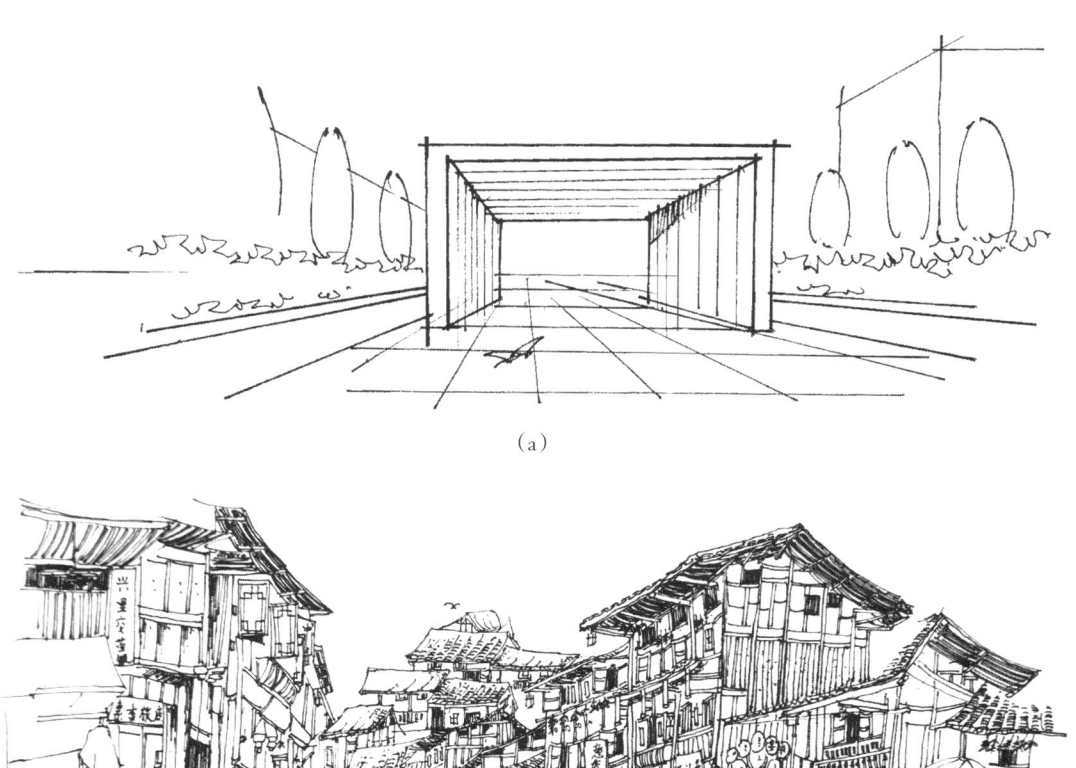

（a）

（b）

图2-24　平行透视

### 2. 成角透视（两点透视）

建筑物与画面不平行，建筑物左右两个面的边线分别向画面左右两边消失，因而产生两个灭点，并且这两个灭点都在视平线上，这种透视现象被称为成角透视，也称两点透视。通常适用于对建筑物的描写，能够让人产生建筑物更加高耸的感觉，衬托出繁华的环境氛围（图2-25）。

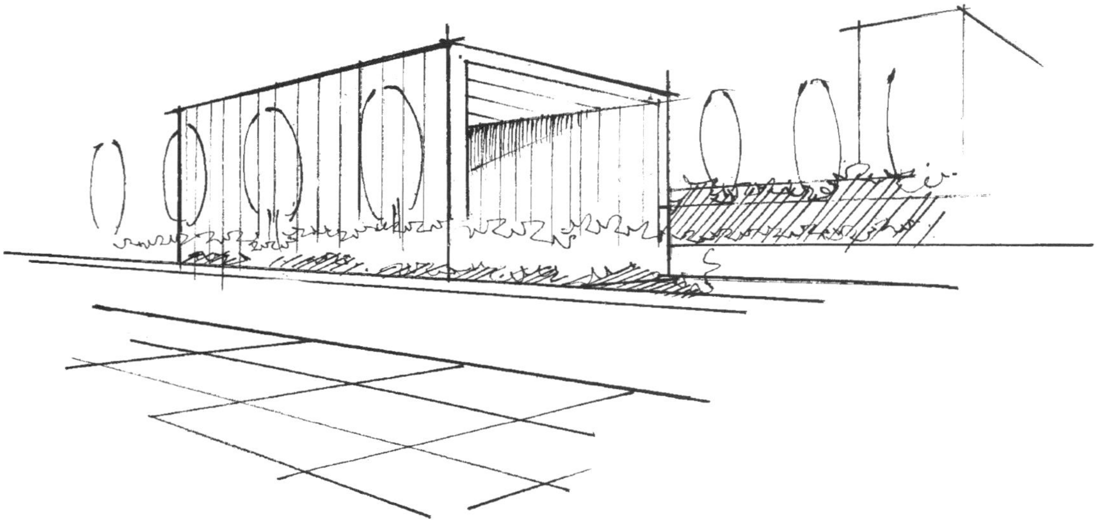

（a）

（b）

图2-25 余角透视

## 3. 倾斜透视（三点透视）

建筑物的三组平面与画面呈一定角度，三组平行线透视线消失于三个灭点，这种透视现象被称为倾斜透视，也称三点透视。通常运用于建筑钢笔画中的俯视图及仰视图（图2-26）。

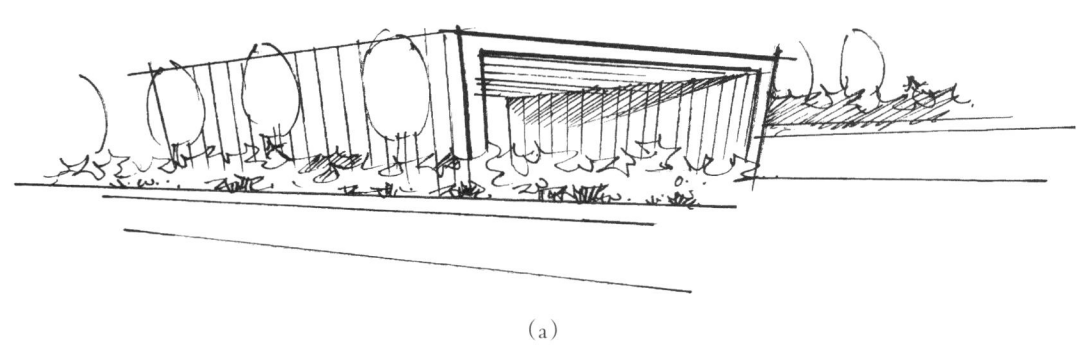

（a）

图2-26 倾斜透视

（b）

续图 2-26

## 二、散点透视

散点透视可以使面面产生无穷的变化。散点透视根据内容和题材的需要，可以不受视域的局限，在同一个画面上，画出几个不同视域的景物，所以有人把它称为移动透视。这种透视法是中国传统绘画的特点。

### 1. 移动式构图的艺术处理

移动式构图是指作画者对所表现的对象的观察方法和表现形式。我国传统绘画历来主张所表现的景物要前看，后看，左看，右看，看不见的想办法去看到它。如看山，站在这里看，又站到那边去看，在低处仰视，在高处俯视，隔着山看不见，翻过山头去看，既看到了山上的大貌大势，也看到了山川的一草一木，以至一块石头、一滴水。总之，不受一定视域局限地看，不受一定空间局限地看，这是散点透视的观察方法。此外，移动式构图，即不断移动作画的位置，将近景、中景及远处的景物，使用散点透视的特点，将景物组织成一幅完整的画面。速写写生经常采用这种构图形式。

### 2. 组合式构图的艺术处理

组合式构图是指在观察对象时，对立体的对象的四面上下、左右、高低的变化都进行比较来看。立体的对象，面面可观，取其面面的形状，面面不可观，可以舍到零。组合式构图要求获得对象的全面印象，然后加以取舍（裁剪）。不但要观其表，而且要及于里。还有一层意思，即是在不移动位置的情况下只移动方向，将东南西北的景物自然地描写在同一个画面上，使其得到十分理想的画面效果。

### 3. 以大观小取景法

以大观小，即使在观察时，可以设想把近处的物体推到远处看，这也是古代画论中所说的"以大观小"。如面对一座房子，原在几十米之内，必要时可以设想把它推到几百米以至几千米远的地方去看。这样做的目的，是可以把近处所见房屋的那种透视改变为远处的透视，使其入画时在视角距离变化上不会相差太大。

### 4. 以小观大取景法

以小观大就是将较远的景物拉到画面前，甚至有的将它拉到画面第一层的位置，不但对屋宇、对人物如此，而且对岩石、对山岭有时也如此。不过，这种自远拉近，不是变化它的远近透视，而只在其原有的透视上，像用望远镜那样地去看，使其入画时可以细致些。如画山势，画房屋是远的，按透视情况，这些房屋里的人物有的细小得看不清楚，可是我们可以把这些房屋里的人物从数里之外拉到眼前，把它画得清清楚楚，甚至看得出眉目和表情。有时把树林自远处拉近，入画时，可以画出片片叶子。以小观大，将远处的景物拉到画面适当的位置来处理，使其恰到好处（图2-27）。

### 三、圆的透视

圆的透视是作圆的透视的一种方法。可用外切正方形的方法，先做出圆的外切正方形的透视，再观察圆上各点在外切正方形中的位置，定出各点的透视，并连接。一般用八点法，可以看出圆心的透视不再是透视椭圆的中心（图2-28）。

（a）

图2-27　以小观大取景法

(b)

(c)

续图 2-27

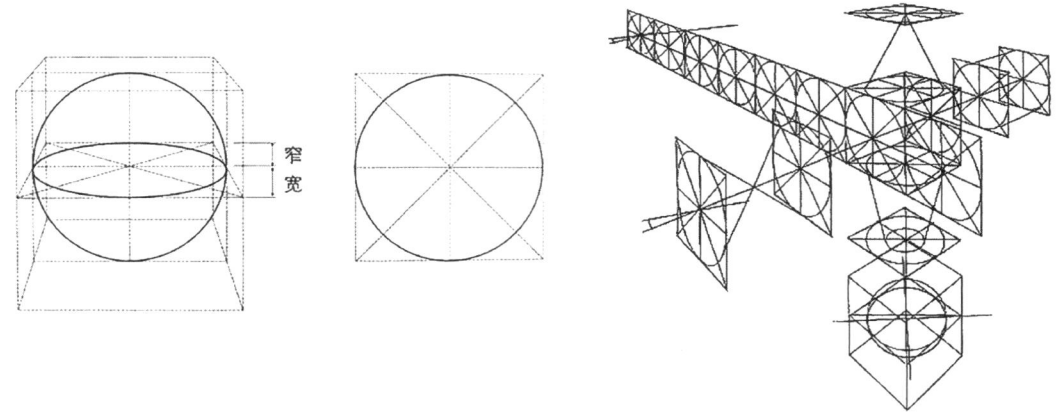

图 2-28　圆的透视

## 四、鱼眼透视

鱼眼透视又称五点透视，是一种类似鱼眼镜头产生的物体中间放大、四周缩小的透视效果，即典型的球面化效果，这种效果的扭曲程度是随着焦距的变化而变化（图2-29）。

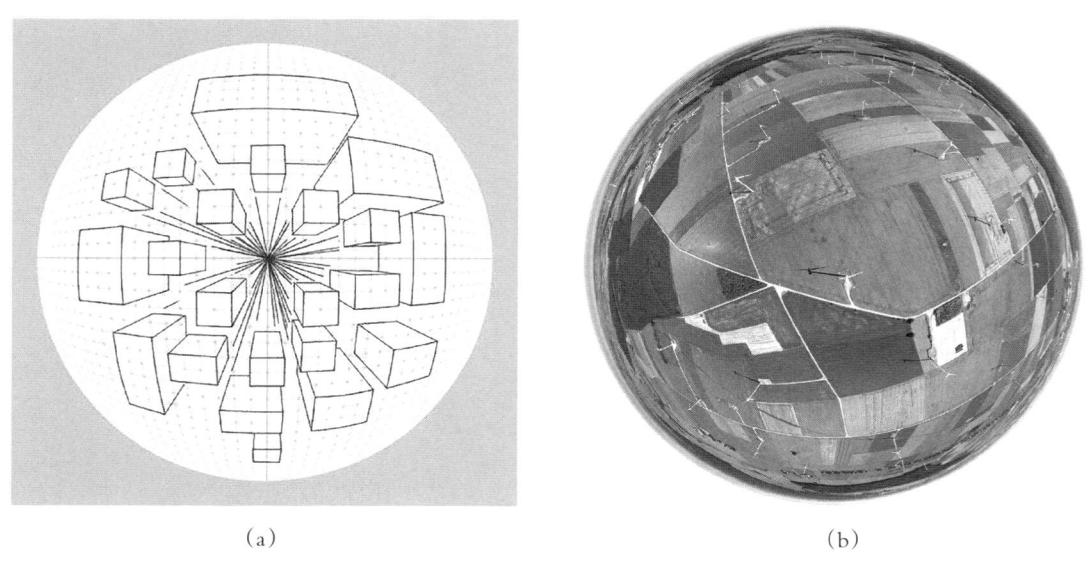

（a）　　　　　　　　　　　　　　　　（b）

图 2-29　鱼眼透视

## 五、仰视、平视与俯视（图2-30）

（1）仰视。眼睛往上看。视线在视平线以上并与视平线形成一定的夹角。

（2）平视。眼睛往前看。视线与水平线平行。

（3）俯视。眼睛往下看。视线在视平线以下并与视平线形成一定的夹角。

生活中低头、抬头都会产生仰视、俯视，但其中仰视、俯视都是相对而言，并且与观察距离相关。当我们与某物较近时，需要抬头看全貌，这就是仰视；但是当我们距离某物较远时，则不需要抬头就可以看到全貌，而且视线接近于视平线，这就是平视。

(a)

(b)

(c)

(d)

图 2-30　仰视、平视、俯视

# 第四节　建筑钢笔画作品欣赏

建筑钢笔画作品赏析如图 2-31 和图 2-32 所示。

(a)

图 2-31　建筑风景钢笔画

（b）

续图 2-31

（c）

（d）

（e）

续图 2-31

（f）

（g）

续图 2-31

（h）

（i）

续图 2-31

(j)

续图 2-31

(a)

图 2-32　建筑风景钢笔写生作品

(b)

(c)

（d）

（e）

（f）

续图 2-32

# 思考与练习

1. 画面构图需要哪三种元素？

2. 怎样取景？初学者取景有哪些小技巧？

3. 建筑钢笔画有哪几种基本的构图形式？

4. 怎样布置画面？

5. 什么是透视？在建筑钢笔画作品中常用到哪些透视法？

6. 仰视、平视与俯视各有哪些特点？

7. 协调运动肘、肩膀画出长线条和短线条，反复练习以提高绘制线条的能力。

8. 将线条的排列组合形成色块，练习排列组合形成不同的色块肌理、明暗调子。

9. 运用三点透视法，绘制一幅简单的建筑鸟瞰透视图。

# 第三章
## 绘画方法与步骤

学习难度：★★★★★

重点概念：绘画方法、步骤、空间层次、阴影变化

章节
导读

　　绘制是绘画中最重要的一个环节，是构思后的实践过程，也是组织的过程。绘制的目的是通过巧妙的构思把画面中所要表达的主题内容传递出去，记录下来。在绘画中，绘制的方法正确与否是决定作品成败的关键，绘制时要考虑取景及画面的角度、透视、构图、画面空间层次的安排等因素。本章从建筑钢笔画绘制的方法步骤入手，详细介绍了绘制建筑钢笔画的技巧和方法，并配有示例图利于读者学习（图3-1）。

图 3-1　建筑钢笔画

# 第一节　建筑钢笔画绘制一般步骤

## 一、取景、构图

构图即绘画时根据题材和主题思想的要求，适当组织要表现的形象，构成协调、完整的画面。

　　找到一处你认为美的景观，可以是自然风光，也可以是人文景观，经过一系列的构思、加工、再创作，最终形成一幅美好的钢笔画作品。要注意在取景构图（图3-2）时，构图的景观要有前景、中景、远景，它们之间相辅相成，能够增加空间的层次感，使画面内容丰富多彩。

图 3-2　取景

在构图时需要思考以下几点。

### 1. 选取角度及横竖构图

在取景完成的前提下，还要考虑建筑及画面构图的最终角度。因为建筑是画面中的主体，选择的角度最好能够体现建筑主体的性能特征，这样才能更好地展示建筑。通常情况下，采用建筑正面稍侧一点的角度，更能凸显建筑的细节变化，也使得画面更加活泼生动。

观察建筑的高度及宽度，若整体显得更加"矮胖型"的建筑一般采用横向构图，若是属于"高瘦型"的建筑则更适合竖向构图。根据作品的内容可以灵活选择，采用不同形式的构图方式（图3-3）。

图3-3（a）中建筑本身是向左右延伸的形态，属于"矮胖型"。若选择竖向构图呈现在图纸上，只能缩小建筑，这样反而不能凸显建筑在画面上的主体地位，建筑本身就失去了其磅礴的气势。而横向构图的建筑在画纸上的体量感明显比竖向构图的体量感要强，配景植物也只是占画面极小的一部分，其建筑主体地位也显而易见。

图3-3（b）中左边的竖向构图显得画面内容过于饱满，六和塔自上而下充斥着整个画面，这样的构图也将六和塔高耸入云霄的感觉及气势彰显了出来。右边的横向构图，建筑周边大面积留白，倘若在留白位置画上其他配景，也会相对削弱六和塔的雄伟气势。总体来说，横向构图与竖向构图相比，整体画面不能够表现出六和塔的高耸、雄伟的气势。

### 2. 建筑物的位置选择

通常主体建筑不宜放到画面的正中间，要稍微偏离正中间一些，才能够成为与众不同的焦点，使之形成画面的中心。若是有建筑大门或正面时，最好在此处留有大量的空间，避免画面显得过于拥挤（图3-4）。

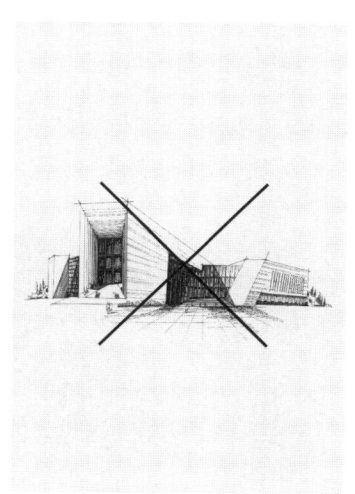

正确构图示范 √　　　　　　　　　　　错误构图示范 ×

（a）现代建筑横向构图

图3-3　横竖构图

正确构图示范 √                    错误构图示范 ×

（b）六和塔竖向构图

续图 3-3

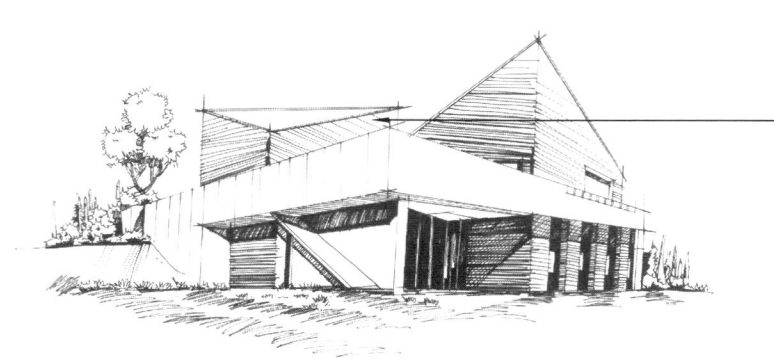

图中建筑的角度
并不是正中心，
而是整体向右稍
稍偏移，在建筑
的大门出入口处
选择了大面积留
白，只在建筑的
后面布置了一些
远景绿植。这样
构图使得画面更
有层次感

图 3-4　建筑物的位置选择

### 3. 建筑与其他配景的比例

　　建筑的大小要适中，不能画得过大或过小，适当地参照周围景物的比例。在构图时要遵循近大远小的原则，即景物离画面越远，就越小（图 3-5）。

（a）                                （b）

图 3-5　近大远小原则

（c）

（d）

续图 3-5

#### 4. 透视

（1）确立视平线

视平线是与绘画者眼睛平行的水平线，根据视平线位置，可以将画面分为仰视、平视、俯视三种角度（图 3-6）。视平线决定被画物体的透视斜度，被画物体高于视平线时，透视线向下斜；被画物低于视平线时，透视线向上斜。视平线对画面起着一定的支配作用，不同高低的视平线将产生不同的效果。

（2）一点透视、两点透视、三点透视的应用

一点透视一般用来表示横向场面广阔、能显示纵向深度的建筑空间；两点透视通常用来表现真实自然的画面效果，也是最常用的透视类型；三点透视给人一种强烈的视觉感受，通常用来表示超高层建筑或建筑的俯视图。

（3）空间构造法则

在平面上表现深远空间时，需要遵循近粗远细、近大远小、近密远疏、近实远虚等空间构造法则。

（a）仰视

（b）平视

图 3-6 视平线角度

（c）俯视

续图 3-6

## 二、从深入刻画到完成

首先用点和短线确定各景物的位置，要特别注意各景物的形状、相互间的关系、距离等，以保证后续创作的准确性；其次是从左往右依次画出表现对象或按先近景、次中景、后远景的顺序绘制。画近景、中景要详细，画远景要略，用笔要轻，体现近实远虚的空间感。初步画完后要全面检查并对其加以完善，对深度不够的地方要加深，可用手指蘸清水涂抹，能增加黑色的密度。图 3-7 为写生取景照片及绘制步骤。

图中是自然风光取景，画面中有完整的前景、中景、远景，三者相辅相成，构成一幅完整的写生景象

（a）写生取景照片

图 3-7　写生取景照片及绘制步骤

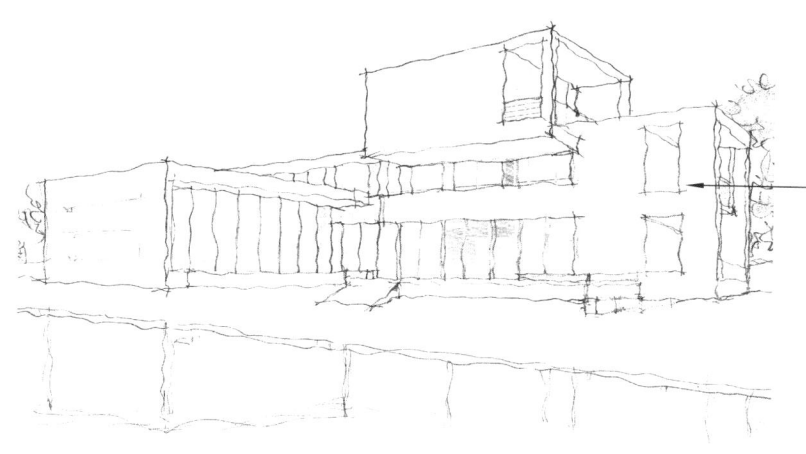

第一步，观察照片中的建筑，进一步构思。用铅笔简单勾画出建筑和周边配景的整体轮廓，注意要把握好建筑主体的比例大小

(b) 步骤一

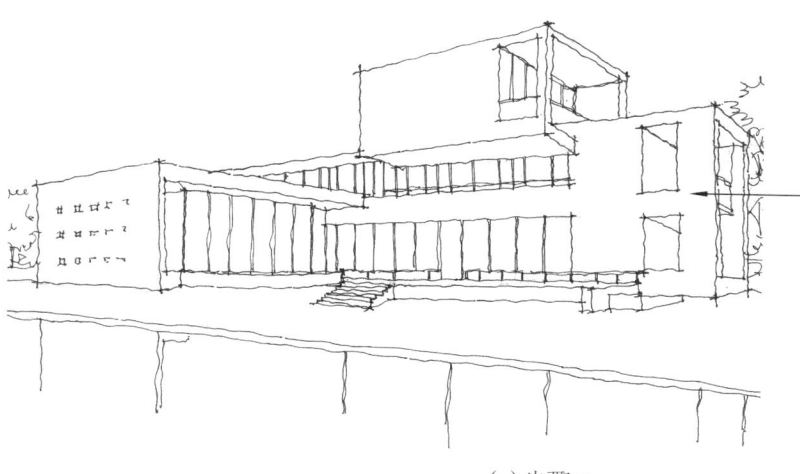

第二步，在铅笔底稿的基础之上，用钢笔勾画建筑及其他配景的轮廓，并且需要不断修正偏离铅笔线条

(c) 步骤二

第三步，添加建筑的一些细节结构，丰富画面。初步勾画出建筑倒映在水面上的阴影及建筑四周的绿植，可以在合适的位置适当添置一些绿植，让画面更具层次感

(d) 步骤三

续图 3-7

第四步，用简单的线条勾画出建筑的内部及外部的明暗阴影部分，水中的倒影使用洒脱的波浪线条快速勾勒，注意每个位置的投影线条深浅都不一样，因为水面及投影的受光的影响也不一致。远景绿植并没有过多描绘，用斜线条简单涂了一遍。当然在画的时候也要考虑它们的明暗变化。这幅画中，所有的配景也不会让人产生喧宾夺主的感觉，建筑在画面中始终都在引人注目的主体位置

74

(e) 步骤四

续图 3-7

**构图的视平线**

构图的视平线有以下三种。

（1）低视平线构图，视平线在人物的腹部以下，或处于地面一带，造成画面上对大部分物体的仰视效果。

（2）高视平线构图，视平线在人物的头部以上，视平线高会使视野开阔，描绘的景物更多地展现在人们面前。

（3）中视平线构图，视平线在人物的胸部到头部一带，产成身临其境的效果。

# 第二节　画面空间层次安排

## 一、概括、取舍

在绘制一幅画之前，首先要观察画面中存在哪些配景元素及主体建筑，明确所要表达的内容及要突出的中心主题。在明确主题之后，对一些不重要的元素进行适当的取舍，尽可能保留与主题有关且最能表达出丰富的主题内涵的一些元素。当然这些被保留的元素要能够为画面的主题提供美的元素，最后删减后的元素组合在一起需要达到近景、中景、远景层次分明的效果（图 3-8）。在一幅完整的建筑钢笔画作品里，每一个围绕建筑的配景元素都需要这样进行取舍、整理，要知道毫无审美的描绘，会使画面变得苍白无力，也根本无法打动别人，这样的钢笔画作品毫无意义。

（a）　　　　　　　　　　　　　　　　　（b）

图 3-8　南平邵武桂林乡村写生

## 二、画面空间层次安排及对比

创作者明白自己将要画哪些元素之后，就要开始合理安排它们的空间位置了。一般建筑放在画面的中间，也就是中景的位置，那么在前景、远景都需要安排一些配景元素，比如前景有植物或水，远景有山或植物等，特殊时候中景位置也可以安排一些配景元素。这样会让画面的空间层次及内容更加丰富。

各个元素之间不光存在前后关系，也有一些外界因素的比较，比如形态大小对比、主次对比、虚实对比、线条的疏密对比等。通过各元素之间的对比，画作也就越发显得鲜活、有趣生动、富有感染力。

### 1. 形态大小对比

面对主体建筑及其他配景元素，首先要考虑它们之间的主次、前后关系。主体建筑是作品中的主要内容，在画面中占最大面积。遵从近大远小的原则，前景、中景、远景的形态依次缩小，最大的配景元素也不能超过主体建筑（图 3-9）。

（a）　　　　　　　　　　　　　　　　　（b）

图 3-9　形态大小对比

（c）
（d）

续图 3-9

### 2. 虚实、主次对比

通常在绘画中，画面的空间是依靠透视及虚实来表现的。原则上讲，近实远虚，离画面越远的景物越要画得虚些，这也是体现空间层次的一种表现方法。特殊的画面表现方法也允许前实后虚或前虚后实，以及前景虚、中景实、远景再虚。空间的虚实关系也不是绝对的，要根据作画者的主观意愿来决定（图3-10）。

（a）
（b）

图 3-10　虚实、主次对比

### 3. 线条疏密对比

线条自身就存在无尽的变化，可以是粗的，可以是细的，可以是不规则弯曲的，可以是笔直的。线条经过组织、构成后，有疏有密，就更富有表现力，作品中用来表现在空间物象的节奏、韵律、虚实、明暗。绘画者利用线条的不同变换形式能够表达出作品的情感活动及空间效果（图3-11）。

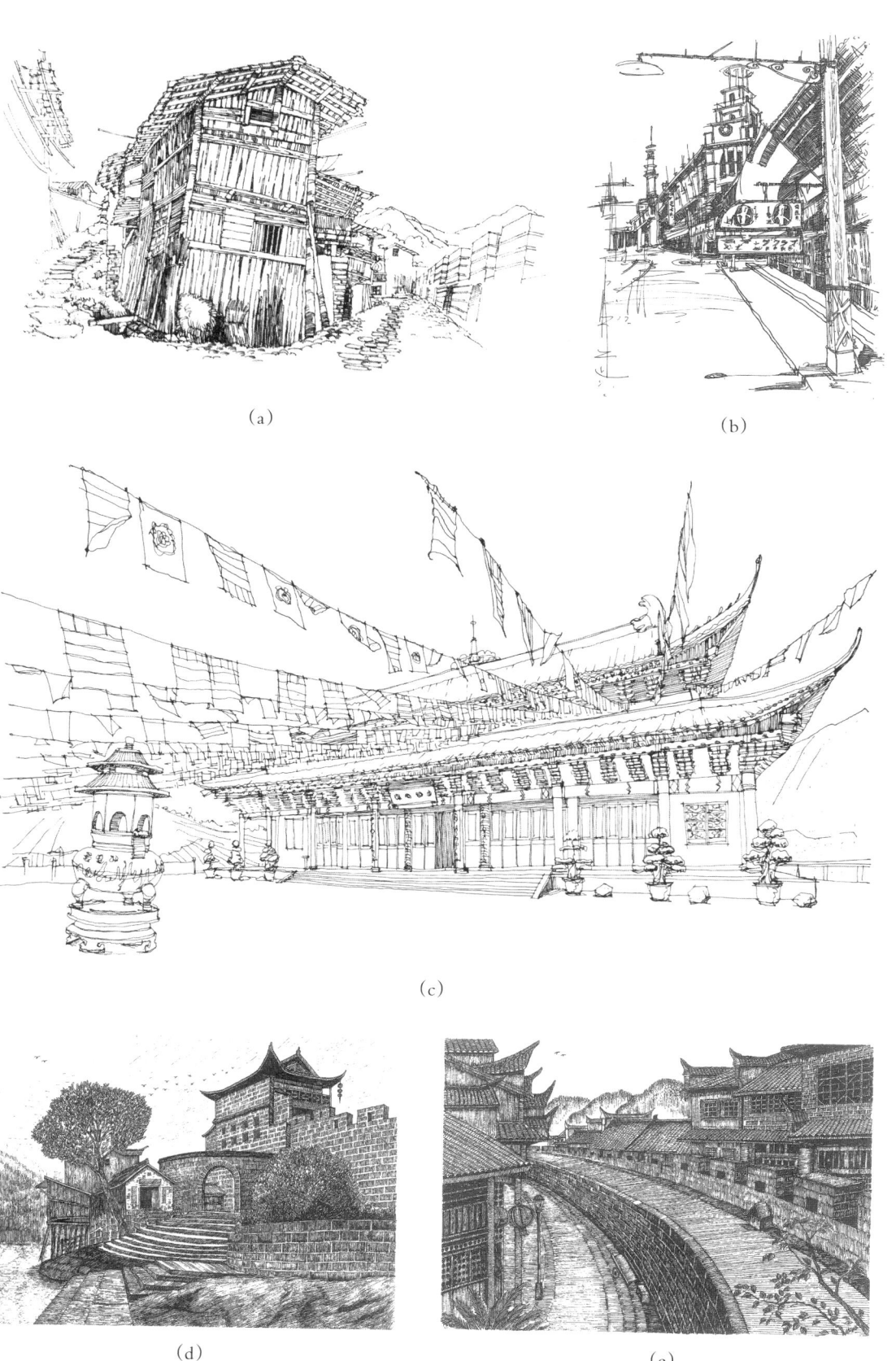

(a)

(b)

(c)

(d)

(e)

图 3-11 线条疏密对比

小贴士

**学习钢笔画**

开始学习建筑钢笔画，首先要从基础的临摹练习开始。在此阶段态度要严谨，不能过于求成，需要学习优秀的临摹作品来提高自己，打好基础。除了坚持临摹之外，更重要的是勤于思考，善于总结，积累经验。到了一段时期可以过渡到对图描绘练习，最后就可以进行写生练习了。学习的过程最好是由浅入深、由简单到复杂的递进阶段，总结出自己的一套绘图方法步骤和作品风格。

# 第三节 色调变化

## 一、色调变化的来源及特点

在彩色的世界，辨认物体主要是靠光照。物体上的光照就是明度的体现，明度的强弱关系到所见物体的清晰度，当明度达到一定的数值才能呈现清晰的彩色物体，否则也只能看到一片漆黑。建筑钢笔画中也有明度的强弱变化，即黑、白、灰色调变化。白与黑是建筑钢笔画中明度的两级，在此中间还存在着不同级别的色调，通过运用不同级别色调的变化就能够创作出优秀的建筑钢笔画。

色调变化中，从纯黑到纯白的色调之间至少能分出七种以上的灰色（图3-12）。其中在钢笔画的应用中，黑白两种色调的对比最为强烈，被称为强对比；黑灰色调对比及白灰色调对比的反差最小，被称为弱对比。丰富的色调变化及对比，使得建筑及其他配景元素更具有表现力，且使调子变得柔和。

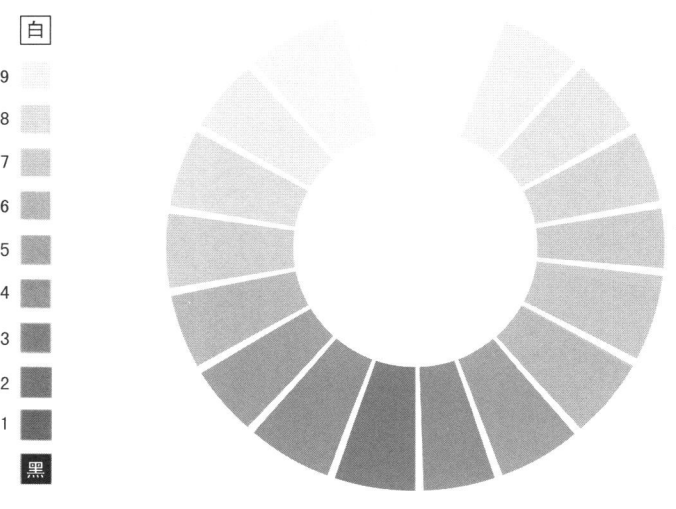

图 3-12 色相环

　　在建筑钢笔画作品的创作中，色调的变化主要来源于建筑及其他配景元素本身的固有色，受现实光照影响的效果，在环境中因反差程度不同而形成的结果等。可以通过绘制线条的粗细和笔触的轻重来表现颜色的深浅，即色调的变化。一般用稀疏的线条来表现浅色的地方，即光照强的地方，用网格线条的疏密表现深色区域或轮廓阴影，即光照弱的地方。其中能够通过反复绘制使线条加粗加深，而网格线条越密集表达的颜色也就越深（图3-13）。

（a）

色调指的是在一幅画中画面色彩的总体倾向，是整体的色彩效果。

（b）

图3-13　色调变化的运用

(c)

续图 3-13

## 二、明暗色调的表现形式

建筑钢笔画主要是通过合理排列不同线条来表现空间、景物及明暗色调变化的，又因为线条能够组织形成不同的表现形式，因此又形成了不同的钢笔画风格和明暗色调的处理方法（图 3-14）。钢笔画色调主要的处理方式有以下几种。

### 1. 线描表现形式

线描表现形式需要作画者摒除光影的影响，掌握建筑形体的结构特征，充分利用线条

使用线描的表现形式，因此画面中的建筑及配景都是使用单一的线条绘制的，且没有光影变化的阴影表达。仔细观察可以看出所有景物的轮廓线条都有不同粗细的表现和颜色深浅的变化

使用明暗的表现形式，画面中所有景物的明暗色调变化都是通过长短不一的线条来完成的，可以明显看出建筑暗部的短线条，经过反复的堆积，呈现暗部色调的颜色变化

(a)线描表现形式

(b)明暗表现形式

图 3-14　建筑钢笔画明暗色调的表现形式

的多变性来合理表现建筑的结构、材质及比例等。还要使用线条对画面进行概括、提炼、组织安排，以此来表达建筑的主次、空间等关系及明暗色调的变化。

综合表现形式是线描表现形式和明暗表现形式的结合体。从画面中可以看出，建筑及配景元素都是采用随意的线条勾画出轮廓的，建筑的窗户及建筑的暗面是采用线条和黑色块面相结合的形式来表现的

画面风格看似非常随意，但随性的线条和黑色块面的结合展现出了很强的视觉冲击力和画面整体感

（c）综合表现形式

续图 3-14

**2. 明暗表现形式**

画面受光影的影响能产生变化的明暗调子，而明暗的表现形式就是应用线条的排列组成不同的明暗面来表现对象丰富的调子变化。这种表现形式能够使画面形成非常强烈的空间感和层次感，也能很好地表现出建筑的材质、体量。

**3. 综合表现形式**

这种表现形式结合了线描表现形式和明暗表现形式这两种形式。通常是在线描的基础上，在主要的明暗面加上一些明暗的表现形式。这种方法既保留了线条的韵味，又强化了空间明暗的对比关系，突出了重点，增强了画面的艺术表现力，作品有很强的视觉冲击力和整体感。

小贴士

**线描黑白装饰画**

　　线描黑白装饰画是一种以线为最基本的表现手法的装饰画形式（图3-15），也是点、线、面的综合应用，并且遵循了钢笔画中的黑白灰的明暗层次。线描的工具灵活多样，主要有钢笔、水性笔、签字笔、记号笔、小毛笔等。线描中的线大体可分直线和曲线两类，不同的线给人的感觉也不一样。

(a)       (b)       (c)

图 3-15　线描黑白装饰画

## 第四节　建筑钢笔画作品欣赏

建筑钢笔画作品赏析如图 3-16 ～图 3-18 所示。

(a)               (b)

(c)

图 3-16　建筑钢笔画作品（线描表现）

（d）

（e）

续图 3-16

(a)

(b)

图 3-17　建筑钢笔画作品（明暗表现）

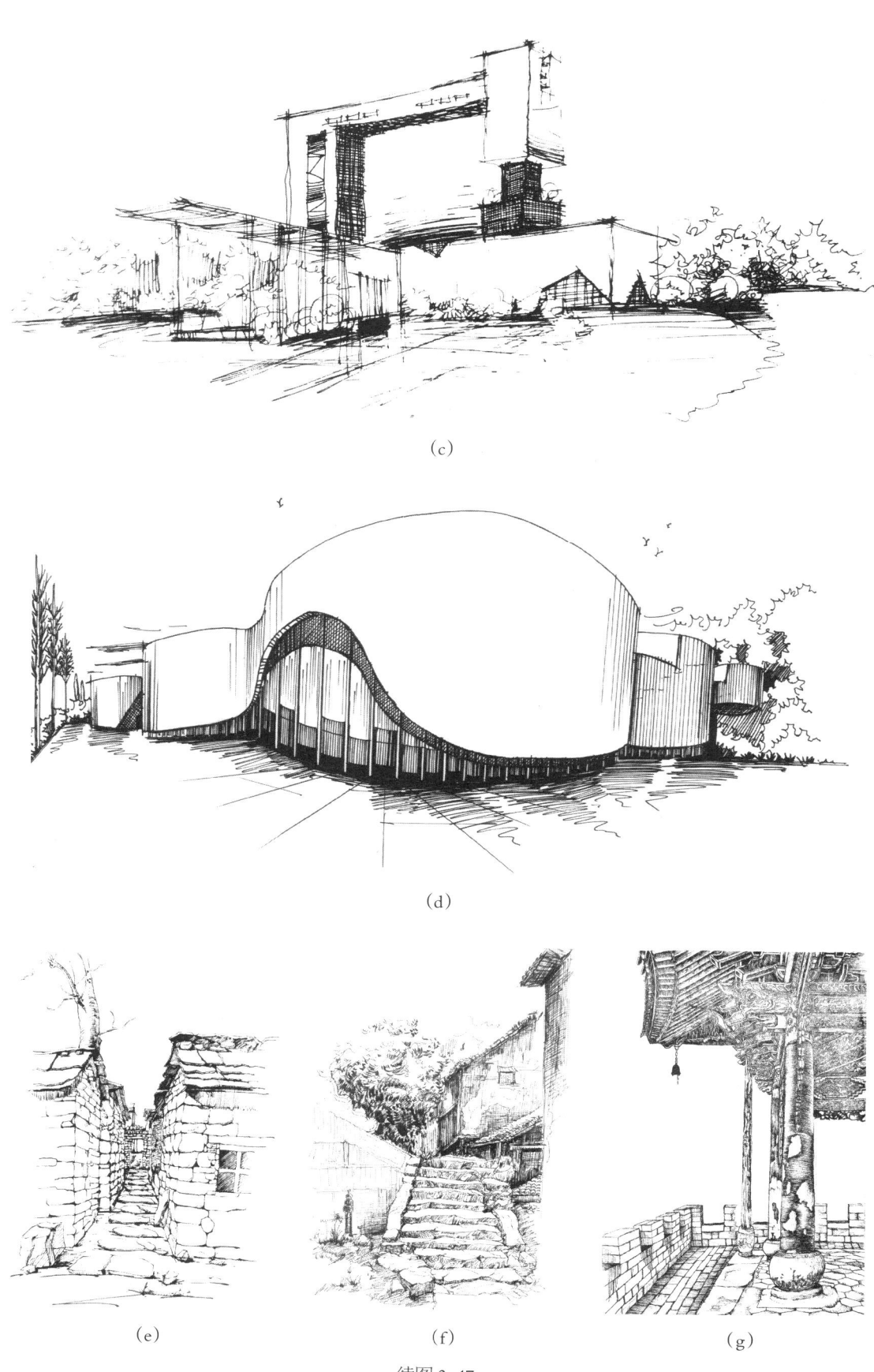

(c)

(d)

(e)　　　　　　　　(f)　　　　　　　　(g)

续图 3-17

（h）

续图 3-17

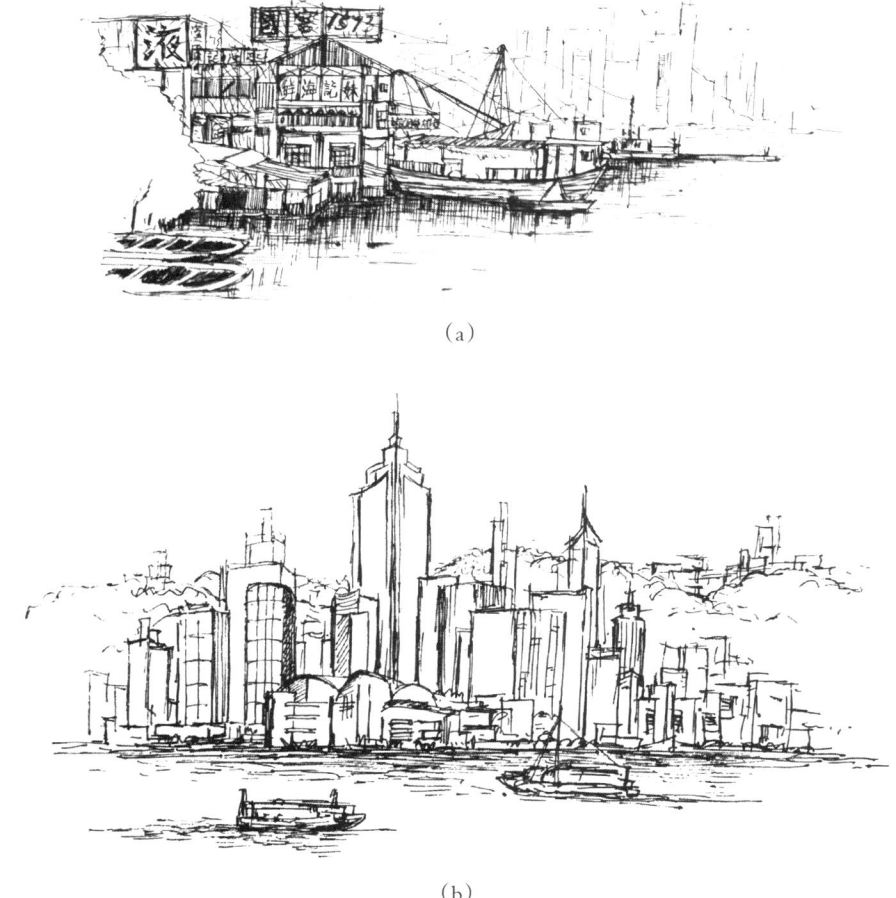

（a）

（b）

图 3-18　建筑钢笔画作品

（c）

（d）

续图 3-18

（e）

续图 3-18

# 思考与练习

1. 绘制建筑钢笔画的一般步骤是什么？

2. 画面中主体建筑的位置及比例大小该如何选择？需要遵循哪些透视原则？

3. 怎样选取合适的角度及横竖构图？

4. 怎样安排画面中的空间层次？

5. 结构与明暗有关系吗？如何处理好两者之间的关系？

6. 明暗色调有哪些表现形式？有何区别？

7. 在本章中任意选取几幅竖向构图和横向构图的建筑钢笔画，思考作品中的构图形式，并临摹一幅完整的建筑钢笔画。

8. 根据文中的写生取景照片，仿照文中的写生步骤和绘图形式，尝试自己完成一幅建筑钢笔画。

# 第四章
# 人物与配景表现

学习难度：★ ★ ★ ★ ☆

重点概念：表现方法、人物、配景

章节
导读

在建筑钢笔画中，主体建筑的周围需要配置设施和植物，形成一幅相对完整的画面，这些建筑周围环境中存在的布置统称为配景。钢笔画配景有人物、建筑、植物、交通工具、天空等，画作的风格不同，人物与配景的表现方法也千变万化。本章讲解、收录了几种常见的人物与配景的绘制方法，让大家能够更好地掌握人物与配景的表现方法及技巧（图4-1）。

图 4-1　重庆瓷器口

# 第一节　人物的表现方法

　　配景人物主要用于表达画面的整体氛围和环境，在勾画配景人物时要注意以下几点：抓住人体的动势以及人群的聚散关系；人物分布要自然，同时要与周围景物相协调；注意人物的大小尺寸及透视要合理，合适的服饰描绘能够表现出地域风情，生动的人物姿态能够活跃画面的气氛。但是建筑钢笔画的主体毕竟是建筑，画面中的人物只是建筑物的陪衬，不宜过分突出，只需合理描绘即可（图 4-2）。

图 4-2　原创钢笔画作品（谭泽鸿）

## 一、人物的大小比例

　　从解剖学上看，人体的各个部分之间存在着一定的比例关系，配景人物构图必须依照人体比例关系来绘制。通常按照成年人的标准作为基准，具体的比例如图4-3所示。

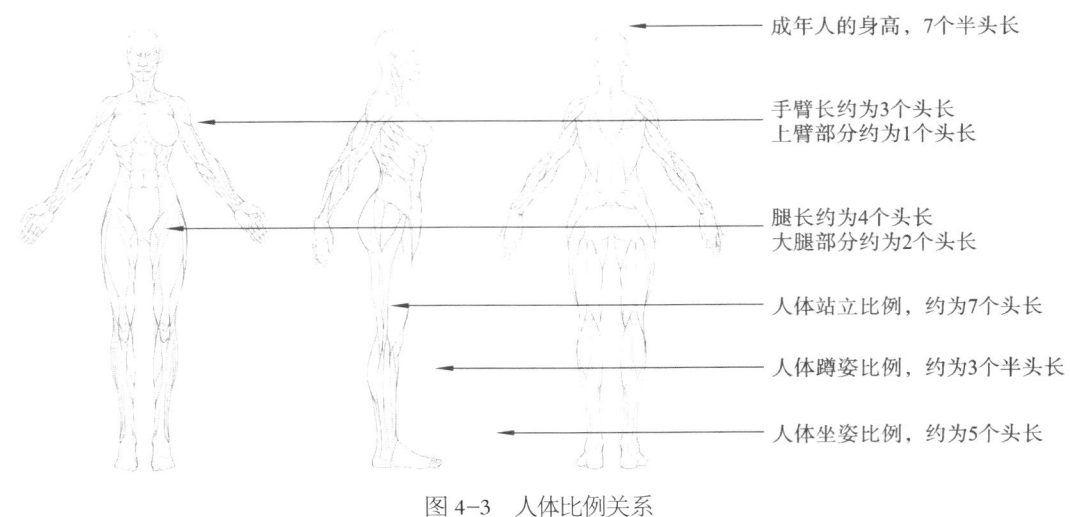

成年人的身高，7个半头长

手臂长约为3个头长
上臂部分约为1个头长

腿长约为4个头长
大腿部分约为2个头长

人体站立比例，约为7个头长

人体蹲姿比例，约为3个半头长

人体坐姿比例，约为5个头长

图4-3　人体比例关系

## 小贴士

### 人物刻画的要点

人物刻画要注意以下几点。

1. 人体比例

人体的基本比例关系是"站七、坐五"，但根据具体动态的特点和透视变化，比例也会发生变化，应当灵活应用。

2. 人物透视

人物的透视，主要是头部及五官透视的变化，躯干和四肢也是人物的主要结构，在绘制时一定要注意人物的立体效果，而这个立体效果的形成主要是靠透视的观察及表现。

3. 掌握动态结构，画好动态线

人体的动态变化丰富，并且牵一发而动全身。因此，除了要研究处于静止状态的人体结构及其局部运动规律外，还要将各部分连起来，认真研究人体全身的运动变化及某些规律。我们一般将人体归纳为"一竖（脊柱线）、二横（两侧肩峰连线与两侧髂前上棘连线）、三体积（头、胸廓、骨盆）、四肢（上肢与下肢）"。抓住动态线的关键是注意人体动作变化。

4. 掌握衣纹和人体特点

衣纹的变化是人体运动的外在体现，衣纹和人体的形体结构相互依存，互为表里。衣纹聚焦在肩关节、肘关节、腰关节、膝关节等处。

## 二、人物的形态、动势

　　在建筑钢笔画中，配景人物通常会保持站立、行走及活动的形态和动势（图4-4），具体画法大致有正面、侧面和背面三种（图4-5）。画风细腻的画作，刻画人物正面时，需要对面部表情进行精细的刻画，侧面和背面要尽量简洁，刻画出四肢形态及大致的衣饰纹理变化即可，太过于精细的刻画反而会弄巧成拙（图4-6）。

图4-4　人物的形态和动势

图4-5　刻画人物的正面、侧面和背面

图 4-6　钢笔画人物

## 三、人群的表现

　　人群在建筑钢笔画中通常起到烘托环境氛围的作用。人物要放到画面中的合适位置，服装与季节、地域要相符，尺寸大小要与建筑、透视比例相符合。尤其要注意远近人物的刻画技巧，要有虚实变化，近景人物群体刻画要细致，远景人物群体只需要大致勾画出人物形象轮廓，无需表现细节（图 4-7）。

画面中，对路面上远近的人物群体只做了简单的处理，却着重刻画了一个骑自行车的人物形态，虽然结构笔触简单，却也突出了人物的形象动态，人物突出，但没有喧宾夺主，反而更加烘托出了大环境和喧闹的氛围

（a）

图 4-7　建筑钢笔画中的人物群体刻画

整幅画面着重刻画了岳阳楼的建筑
主体，建筑四周的花草和人物全部
采用简洁的线条大致勾勒出来，并
没有非常细致地描画，这样更凸显
了建筑的宏伟大气。人物的出现让
画面更加活跃，平添几分烟火气息

(b)

建筑前两个畅聊的人物形象跃然
出现在画面中，和主体建筑相得
益彰，倘若缺少了这两个人物画
面会显得没有这么活跃、生动。
虽然人物只是黑白色彩，却也可
以判断两个人物的性别、服装造
型及举止行为，整体画面简洁而
不简单

(c)

这是一个徽派建筑群，画面中所有
的人群都在涌向牌坊。看到这幅场
景的人会联想：大家进去是购买物
品还是参观？整体画面给人留有想
象的余地。画面中人物大小透视合
理，线条简洁，人物形象也成为了
画面中不可或缺的元素

(d)

续图 4-7

从画面中可以看到，两栋建筑的形态并没有完全刻画出来，同时建筑与建筑之间留有一个通道（台阶），而两个人朝着通道的方向走去。通过人物的塑造，画面更加生动、活泼了，起到画龙点睛的作用，看到这幅作品仿佛可以见到当时的场景

（e）

续图 4-7

# 第二节　植物的表现方法

植物作为与建筑物关系最为紧密的配景之一，是整个建筑钢笔画中最重要的配置元素，是钢笔画作品中不可或缺的配景，也是最难描绘的。想要画好配景，除了需要一番勤学苦练外，还需要一些绘画技巧。下面介绍一些常见的树木、花卉及盆景配景的画法，结合绘画者自身的要求，将其合理融入画作中即可（图 4-8）。

图 4-8　乡间景物钢笔画作品

## 一、构思摆放

建筑物前后树木主要是为了增加空间的层次感，在构画时应该详细推敲、构思树木的形态及摆放位置。画面中树木的分布分为近景、中景和远景（图 4-9、表 4-1）。

前景树也只是充当点缀角色的作用，在建筑的门前零星画上几棵低矮的灌木和小乔木

这是一幅半鸟瞰图，图中前景、中景、后景植物都有着作画者自己的风格，可以看出远景树的形态，线条简单，有的甚至只有光秃秃的树杈

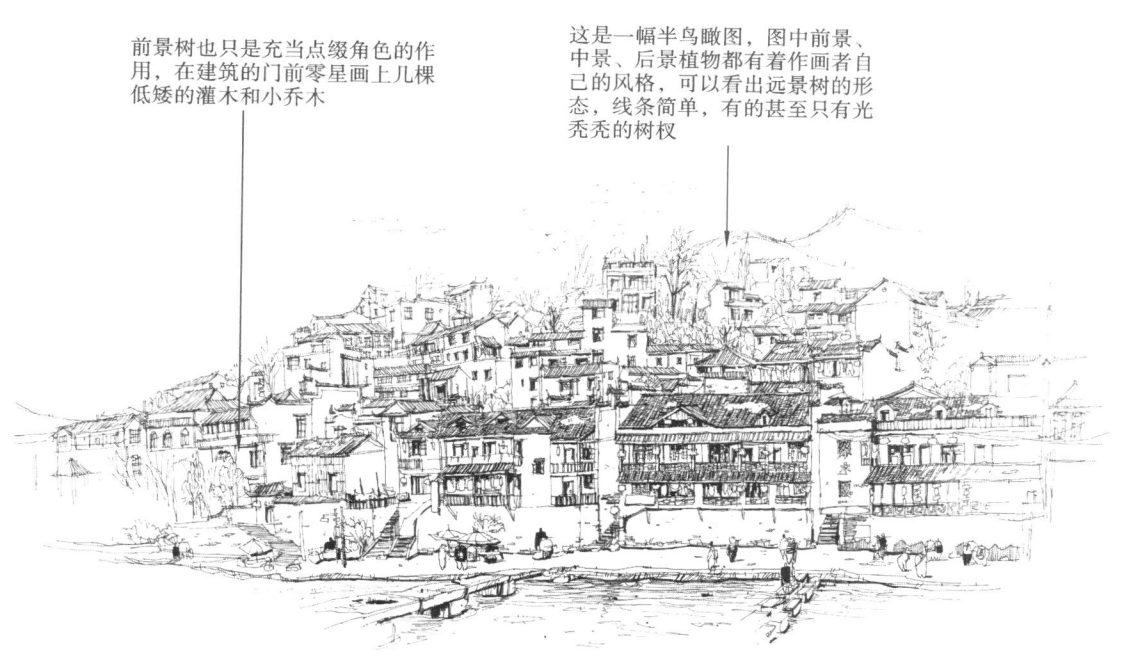

图 4-9　建筑风景钢笔画（谭泽鸿）

表 4-1　常见的摆放位置

| 近景树 | 中景树 | 远景树 |
|---|---|---|
|  |  |  |
| 适合选择树干较高、树冠较稀疏的树型。可靠近建筑物，但是切不可与建筑物贴合在一起，更不能遮挡建筑物的主体部分，且应处于画面较前或较偏一些的位置 | 可与建筑物处于同一个层次，也可处于建筑物的前面，根据画面合理布局 | 一般置于建筑物的后面，主要起到衬托建筑物的作用，对树的层次要求要低一些 |

## 二、各类常见配景树的画法

在钢笔画中，植物作为近景、中景、远景的配景来点缀画面，增加空间的层次感。近景植物不能遮挡主体建筑的重要部分，稍微要靠前或者往左右偏移一些。中景植物可以与建筑并排放置或放到建筑的前面。远景植物通常放在建筑的后面，能够增加画面的层次感，烘托画面环境的氛围。在画远景植物时注意明暗颜色不要过深。根据作品所绘制的主题搭配合适的植物，例如，冬天北方的植物就该是光秃秃的，一片萧条，松树通常也只会长在悬崖峭壁或庭院中。因此在选择绘制作品时，应该考虑到周围的环境、地理位置等因素。植物的种类繁多，下面列举常见的一种树木的绘制步骤。

（1）确定树木大概的大小比例，轻轻勾画出植物的树干、树枝、树冠的具体位置。

（2）进一步画出树干和树枝，画出树枝交错穿插的层次关系，刻画树冠的轮廓线条。

（3）选择自己喜欢的表现手法，运用不同的线条，从局部入手，再整体刻画树木的光影变化（图4-10）。在刻画的同时还要不断调整、修改树木的比例关系，把握整体画面效果。

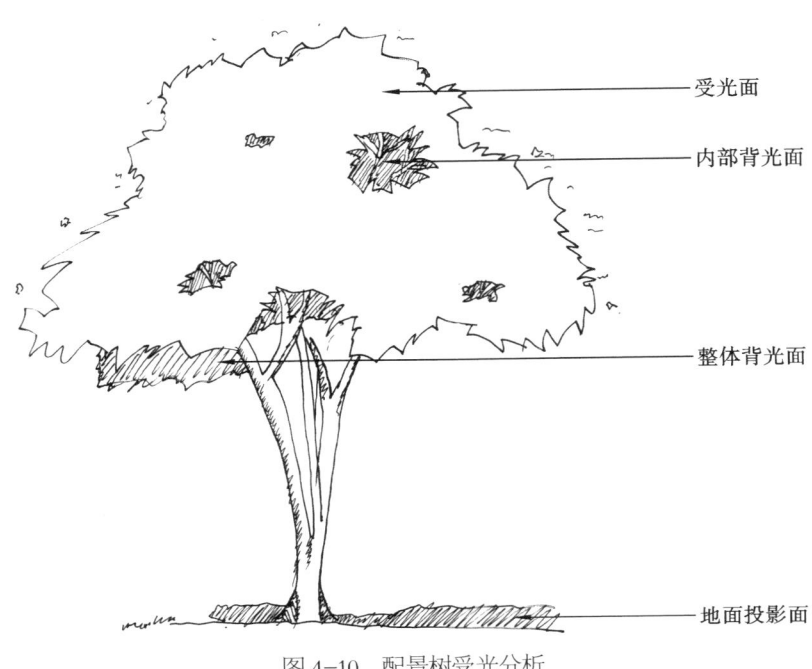

受光面

内部背光面

整体背光面

地面投影面

图4-10 配景树受光分析

## 三、配景植物临摹

配景植物临摹作品如图4-11、图4-12所示。

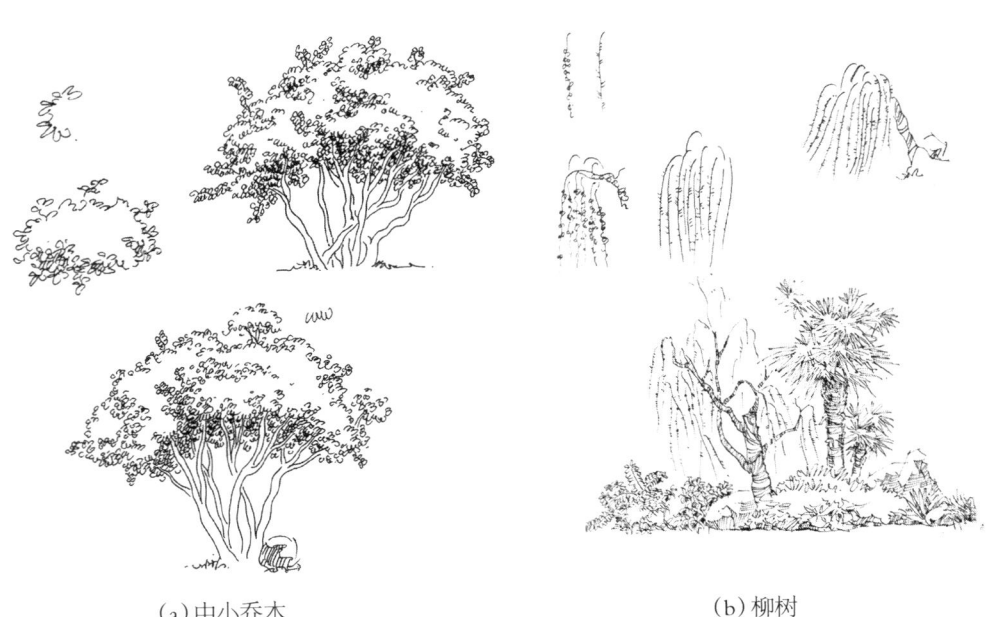

（a）中小乔木          （b）柳树

图4-11 几种常见植物的临摹作品

(c)竹子　　(d)剑麻　　(e)松树　　(f)椰树

(g)藤本植物　　(h)乔木　　(i)灌木　　(j)棕榈

(k)地被植物　　(l)枯枝　　(m)草

续图 4-11

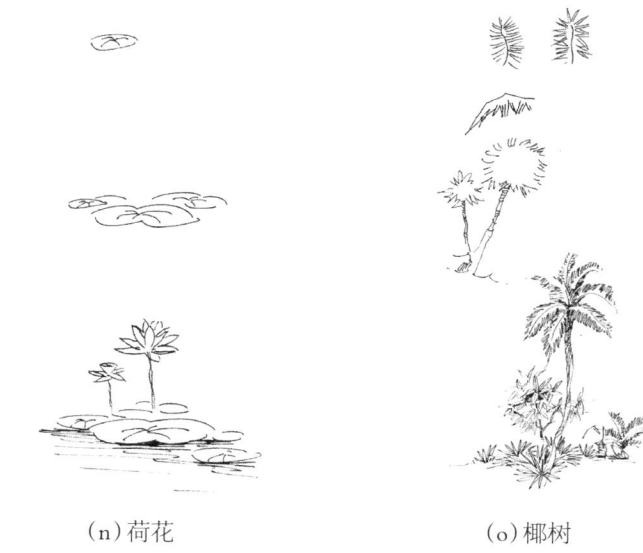

（n）荷花　　　　　　　　（o）椰树

续图 4-11

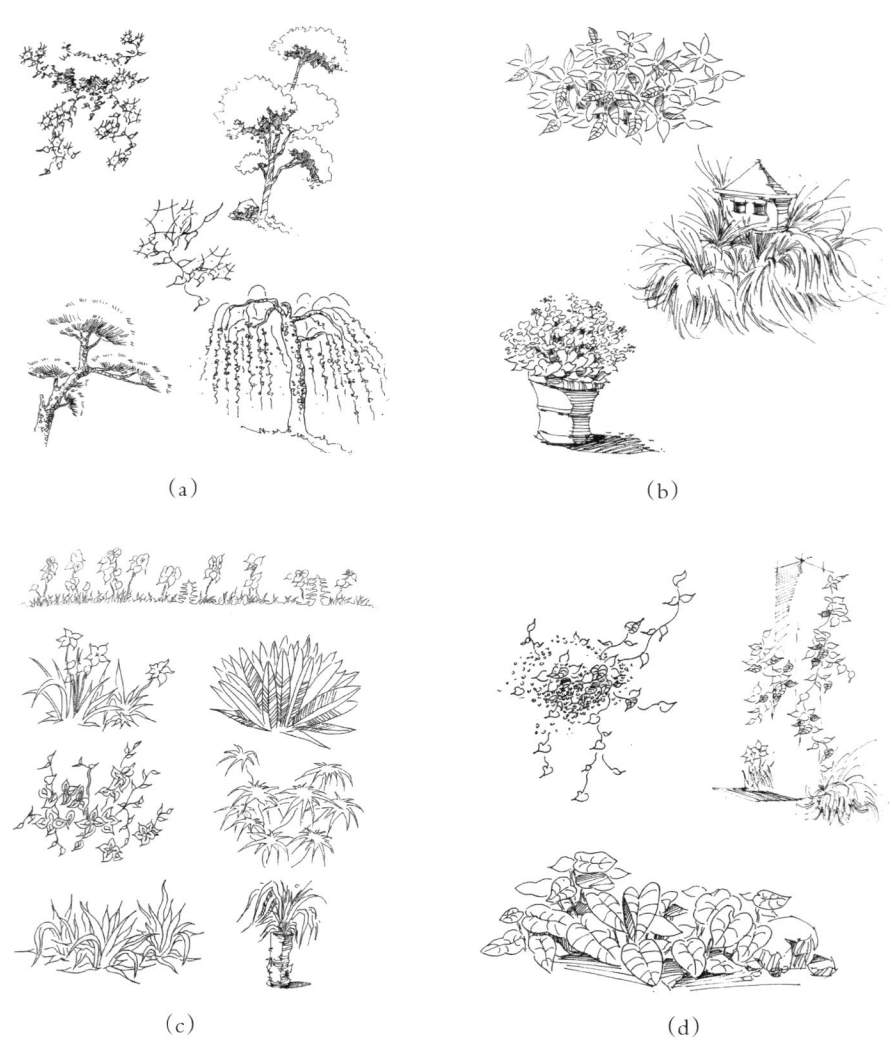

（a）　　　　　　　　　（b）

（c）　　　　　　　　　（d）

图 4-12　常见植物配景临摹图

(e)

(f)

(g)

(h)

(i)

续图 4-12

（j）

（k）

续图 4-12

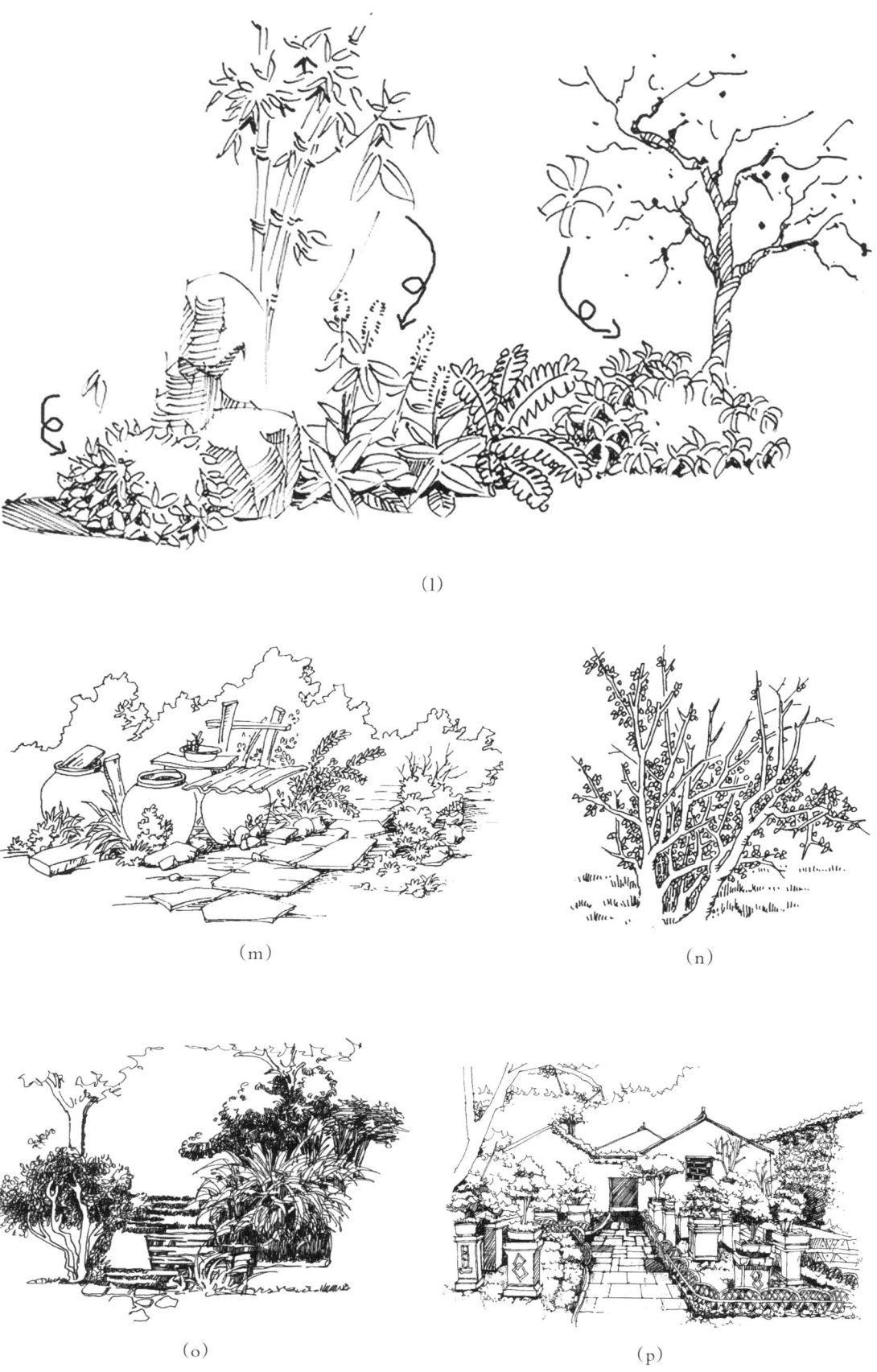

（1）

（m）

（n）

（o）

（p）

续图 4-12

（q）

（r）

续图 4-12

## 第三节　交通工具的表现方法

建筑钢笔画以建筑为主体，交通工具等是为了凸显建筑而存在的配景元素。建筑周边的交通工具主要有汽车、出租车、自行车、轮船、电车等。交通工具在现代建筑场景中的应用较为广泛，尤其是在需要表达建筑功能、增强建筑效果、烘托建筑环境氛围的时候，尤为重要。因此，绘画者往往会根据建筑的功能及画面背景来适当选择一些交通工具。例如，在机场门口会画一些出租车和小汽车，而不是选择公交车或其他类型的交通工具；在百货大楼前可以画公交车、出租车、小汽车或电车，但是绝对不会是飞机或轮船；湖面或河里只适合小型游船，大型轮船适合在大海里行驶。

　　在选择了合适场景的交通工具后，还需要注意交通工具的比例大小，过大或过小都会影响主体建筑的视觉效果，要根据周围其他配景或人物、建筑大小来适当调整比例关系。在处理看似复杂的交通工具时，大家可以简化处理。例如，可以把小汽车简化成一个长方体，将它的四个轮子简化成四个小的圆柱体，最后，再根据汽车的不同形态大致勾画出汽车的轮廓即可。另外，交通工具的表现形式还要根据画面的整体风格来调整，使交通工具与建筑、周围的环境完全融合在一起（图4-13）。

建筑前面是湖水，且湖面上停满了各种造型的小船。从这幅画中可以推断出这是一处景点，人们可以乘坐小船欣赏周边的建筑和重重叠叠的山峦美景

（a）

这是一幅半鸟瞰图，图中前景、中景、后景植物都有着创作者自己的风格，可以看出远景树的形态、线条简单，有的甚至只有光秃秃的树杈

（b）

图4-13　配景交通工具的表现

画中的建筑有什么用途大家不得而知，也许是学校的教室，也许是学生的宿舍，也许是某个公寓大楼……从门前停留的小汽车和不断涌入建筑内的人们可以看出，这是一个很热闹的地方

(c)

从画面描绘的场景可以看出，此处是一条繁华的街道，有电车可以通往城市各地，车厢里或许已经载满了去往各地的青年男女

(d)

续图 4-13

## 交通工具表现技巧

小贴士

交通工具的表现技巧有以下四点。

（1）选择最佳交通工具。根据画面内容，选择最能表述建筑功能及环境氛围的工具。

（2）选择合适的角度。综合考虑画面建筑的角度，再选择最能表现交通工具特点的角度。

（3）学习概括整体轮廓。交通工具在画面中始终扮演着配景的角色，不宜过于精细地刻画，只要概括出工具的特点及线面轮廓即可。

（4）反复推敲大小比例关系。画面局部配景和建筑主体始终要注意比例关系，大小合适，画面关系才会和谐、统一。

# 第四节　天空的表现方法

不同场景、不同气候、不同季节的天空，所表达的意境不同，表现方式也各不相同，通常会用大面积的留白来处理天空（图 4-14），且不同场景的留白也会出现不同的画面效果（图 4-15），需要创作者来调控。还有一种方式是，根据天空的情况画出云朵、风、雾气等效果，例如，想表现天空上方突然刮起了大风的画面，可以用不同的线条来表达。在刻画天空时，无论是想营造什么样的画面效果，切记不能过分表现，以免造成喧宾夺主的效果。

从画面中留白的天空及建筑前撑起的遮阳伞可以推断出这是一个烈日炎炎的午后或一天之中的晌午，天空的留白正好表达出了强烈的光照效果

观察画面，可以看到房屋被积雪覆盖的场景，有一种寒风凛冽的别样美。此处用留白来表现天空，更多的是考虑天空刚下完大雪的样子。目之所及都是白茫茫的一片，天地之间连成一条线，就像画面中所描绘的场景一样

(a)

(b)

画面中的天空并没有采用留白处理的方式，一方面考虑到画面构图的因素，画出空中飘散的云彩能使画面结构更加饱满丰富、生动活泼；另一方面，画面中的场景为风起云落，傍晚太阳落山，行人归家，天空上的云彩也是被风吹散的效果，这样反而更加能表达出此刻人物的情感

(c)

图 4-14　配景天空的表现（一）

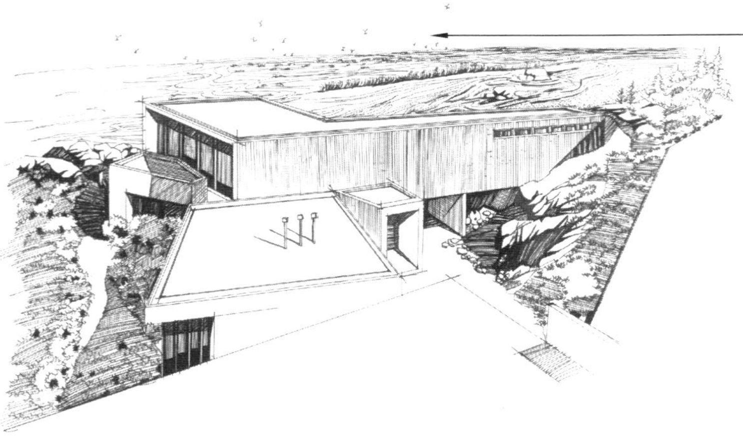

配合场景需求，在天空留白的同时，还勾画了一群鸟，使得远处的天空给人一种一望无垠的感觉，远处的湿地也会让人联想到鸟类的栖息地，画面一派祥和、洒脱的感觉

图 4-15　配景天空的表现（二）

## 小贴士

### 建筑风景写生的方法步骤

建筑风景写生的方法步骤如下。

#### 1. 从整体出发

首先要选择一处写生建筑景点，需要入画的景色要有特色，能够引起创作者的欲望。确定入画的景点后，选择合适的角度，观察建筑及各个配景的形体、动势和比例。在画纸上轻轻地勾画出建筑及配景大致的轮廓，最后再细致地深入刻画与表达。这种写生方法适合初学者尝试，能够很好地把握画面整体关系。

#### 2. 从局部入手

在把握画面整体效果的基础之上，从单个物体开始，勾画发掘其个性特征和形式美感。对不同物体做不同的分析，学会概括和取舍，还要做到胸怀全局。

## 第五节　配景山、水和石的表现方法

### 一、配景山

崇山峻岭也是建筑钢笔画中重要的配景。不同地域的山势也不尽相同，南方的山灵秀多变、连绵起伏，北方的山雄伟壮阔、山势险峻。建筑钢笔画以建筑为主体，通常需要减弱处理山形。远观的山形可适当降低高度，以突出建筑，不要被其光怪陆离的造型误导，还是要以表现体量感和空间形态为重点，可以根据画面的繁简程度对其进行概括处理，发挥山体作为配景点缀烘托环境的作用。合理运用点线面、黑白灰的表现方式，通过疏密、主次、明暗的对比，加强画面的层次感、远近感，以增强画面的节奏感（图4-16）。

（a）

近山体低矮，线条简洁，避免喧宾夺主。从主体建筑开始将建筑不断延伸到山体上，近景建筑刻画细致，远景建筑只是勾画出了大致的形态。构图主次分明，循序渐进，画面非常有层次感

（b）

近大远小，适当将远景的山降低高度，将主体建筑安排在画面中显眼的位置。画面中连绵起伏的山峰用简单的线条勾画出大致的形态，将一些当地特有的古老建筑安排在山体上。没有过多刻画山体上的树，也只是在建筑之间用波浪线来表达山上的植物。整体画面构图饱满，突出主体建筑

（c）

图4-16　配景山的表现

## 二、配景水

　　水有形态、结构和体量，对于建筑钢笔画中水景的描绘，需要根据画面的风格和表现手法来定。在画面采用线和明暗光影结合的表现手法时，需要用线条勾画出水中建筑的倒影，并空出一定的留白，在对比中统一画面效果。在采用单线法时，可以大量留白或使用疏密变化的曲线表现波纹，无需刻意画出倒映在水中的景象（图 4-17）。

（a）

图中是一条运河，参差不齐的徽派建筑坐落在岸边，紧邻运河。平静的河面波光粼粼，倒映出岸上的房屋。在画面中，流畅的曲线随意刻画了平静的水面上建筑的倒影，而没有直接用疏密变化的曲线来表现波纹

（b）

图 4-17　配景水的表现

建筑之间是一条河流，水面平静，毫无波痕。作画者用随意的线条勾画出了水面的暗面和建筑倒影，暗部层次丰富，有深有浅，使得河流立体感分明

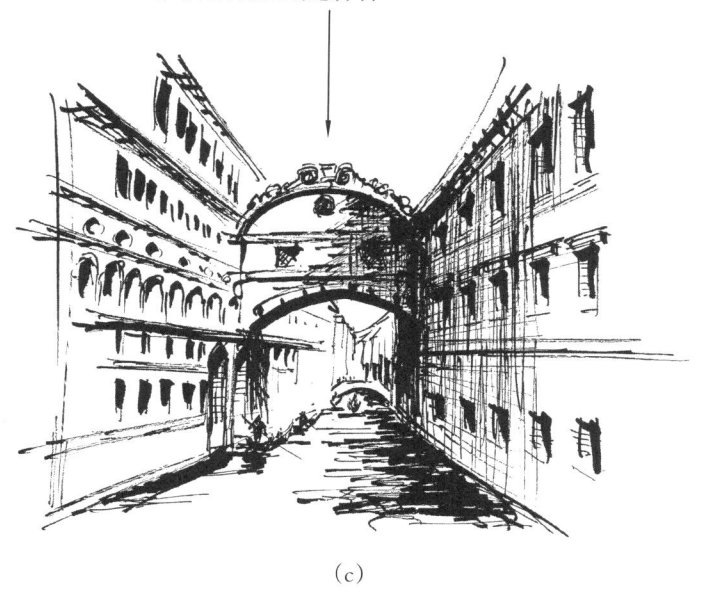

（c）

续图 4-17

## 三、配景石

以建筑为主体、以石块为地面的画面中，通常会减弱处理石块地面，多数情况只会运用流畅的长线条描绘石块的轮廓，考虑画面整体的黑白灰关系，作留白处理或简单画一些阴影，切不可孤立地刻画。也可用短线刻画石块的内部结构，注意排线要根据石块的走势有序地塑造（图 4-18、图 4-19）。

（a）

图 4-18　配景石头

大小不一的石块堆叠在一起，使用线条
勾画石块的形态，使用随意松散的点来
点缀画面，体现石块的立体感

(b)

续图 4-18

(a)

图 4-19　配景石头的表现

112

（b）

（c）

续图 4-19

(d)

(e)

(f)

(g)

(h)

(i)

(j)

(k)

续图 4-19

# 第六节 建筑钢笔画作品欣赏

建筑钢笔画作品赏析如图 4-20 ～图 4-22 所示。

（a）

（b）

（c）

图 4-20 建筑风景钢笔画作品（配景植物）

（d）

（e）

续图 4-20

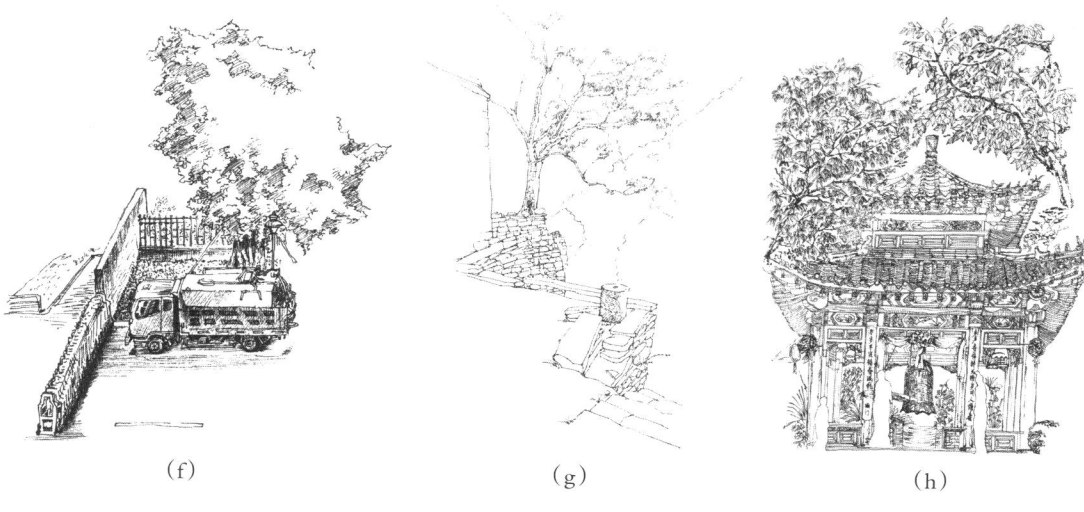

（f）　　　　　　　　　　　（g）　　　　　　　　　　　（h）

（i）

（j）

续图 4-20

（k）

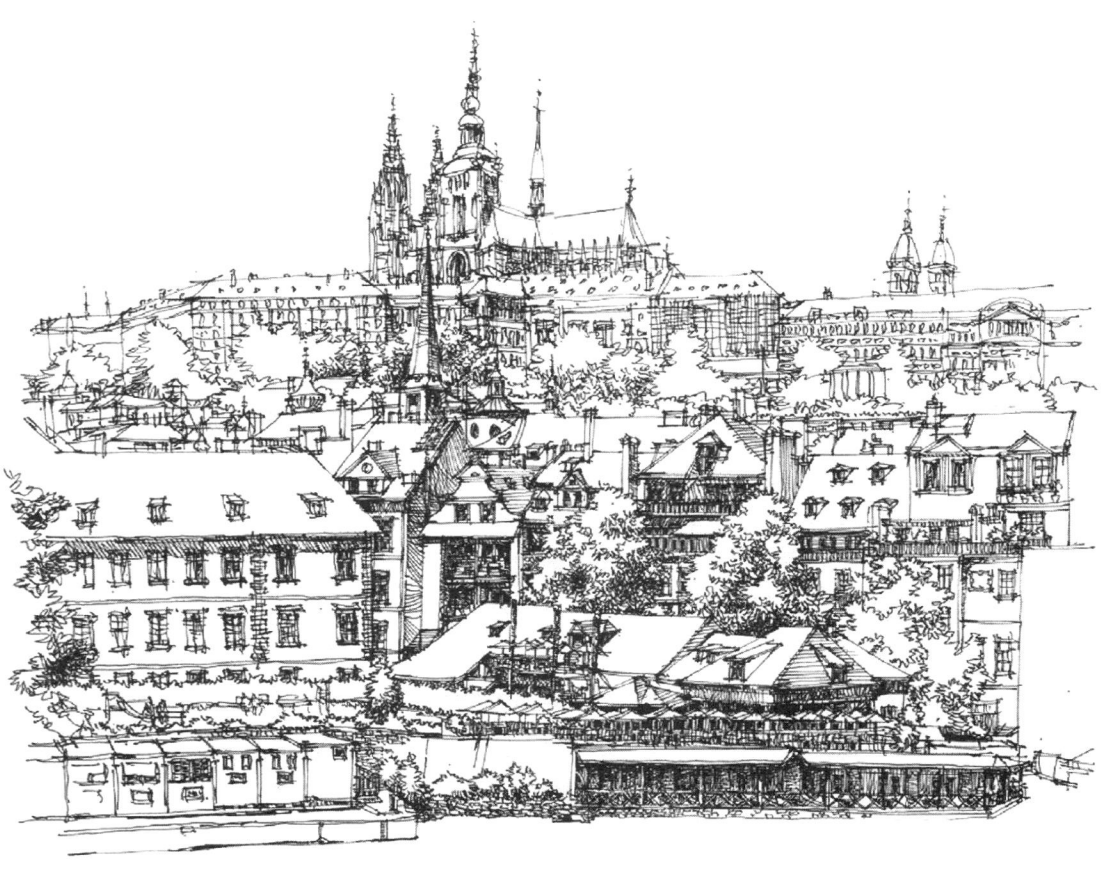

（l）

续图 4-20

（m）

续图 4-20

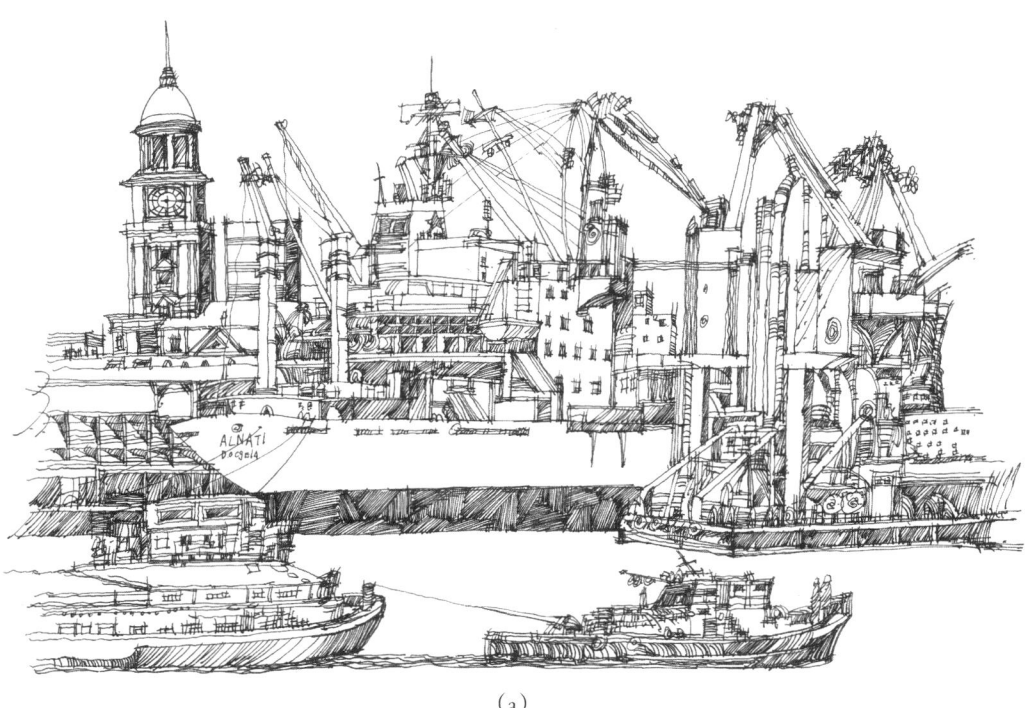

（a）

图 4-21　建筑风景钢笔画作品（配景交通工具）

（b）

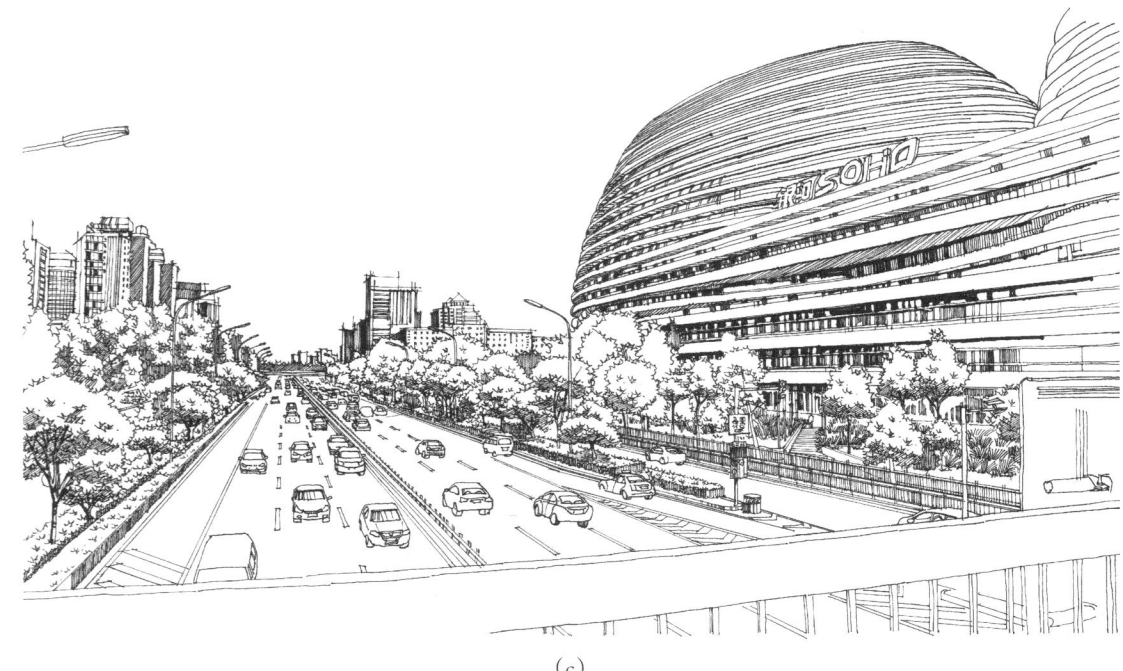

（c）

续图 4-21

（d）

（e）

续图 4-21

(a)

(b)

(c)

(d)

(e)

(f)

图4-22 建筑风景钢笔画作品（配景石头）

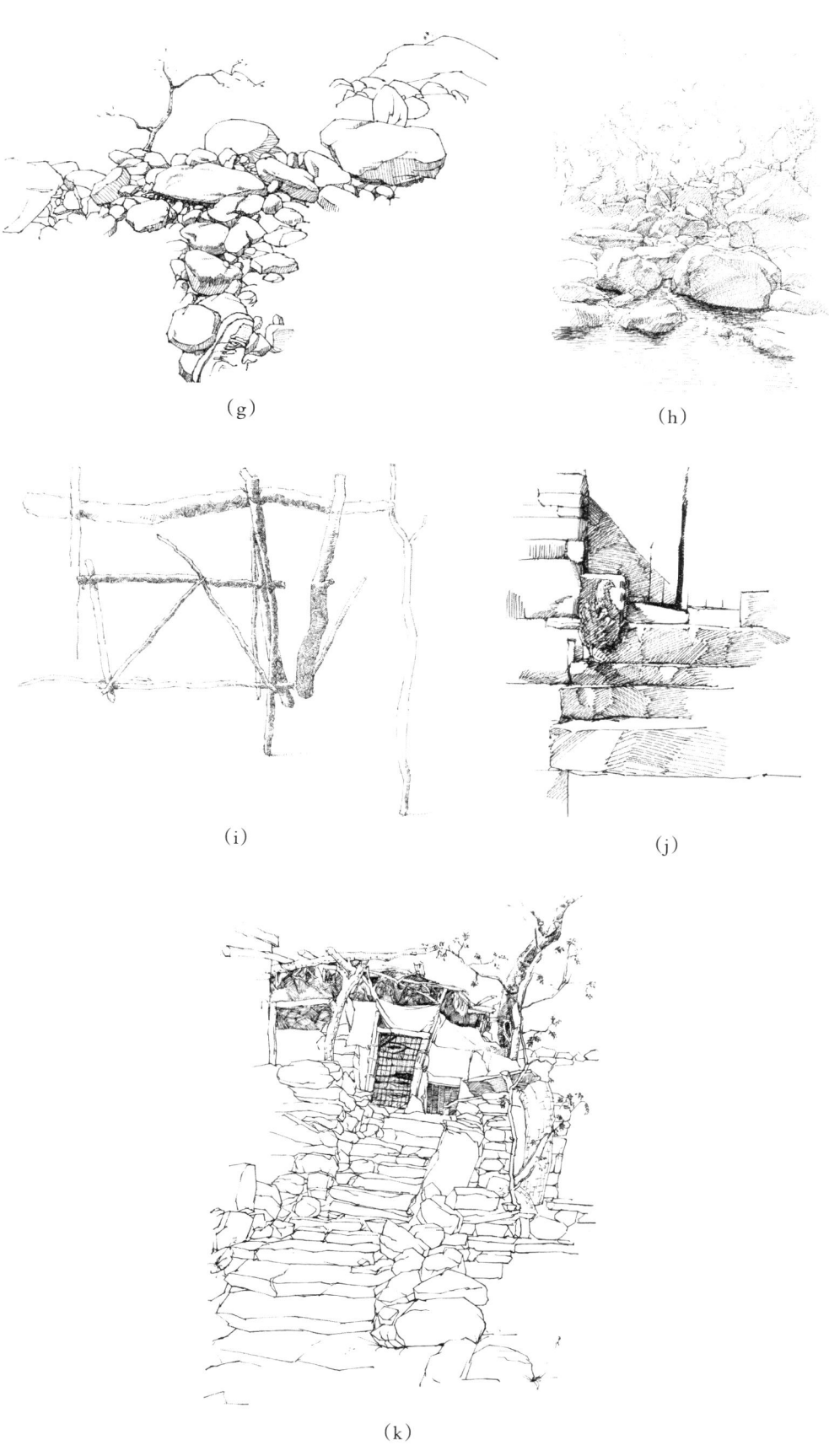

（g）

（h）

（i）

（j）

（k）

续图 4-22

(1)

续图 4-22

# 思考与练习

1. 建筑钢笔画如何处理好整体与局部的关系?

2. 建筑钢笔画中人物的表现方法有哪些?

3. 植物的表现方法有哪些? 列举一种常见树木的绘制步骤。

4. 交通工具, 天空, 配景山、水和石的表现方法有哪些?

5. 前景、中景与远景配景的组合对画面的重要性是什么?

6. 如何运用配景营造与建筑环境一致的氛围? 选取文中的优秀作品并观察、分析画面中各
   类配景所起到的作用。

7. 临摹、默写几种常见的建筑钢笔画配景。

# 第五章
# 建筑钢笔画手绘写生技法

学习难度：★ ★ ★ ★ ☆

重点概念：现代建筑、古典建筑、建筑鸟瞰、建筑风景手绘写生

**章节导读**

　　建筑钢笔画手绘写生是绘画者运用钢笔对建筑及其所在环境进行观察、分析和再创作的作品。建筑钢笔画写生的内容十分广泛，其中包括建筑造型、结构、空间、材质、环境等方面。通过写生大家可以正确观察客观对象，对建筑产生直接感知，这也是建筑师、景观设计师必备的专业基本技能之一。本章节将通过讲解古镇、现代建筑群、欧洲古典建筑等不同造型的建筑来表现建筑钢笔画手绘写生（图5-1）。

图 5-1　建筑钢笔手绘写生作品

# 第一节　现代建筑写生技法

透视也可以分为色彩透视、消逝透视和线透视，其中线透视是最常用的。

建筑写生是培养审美能力和表现能力不可或缺的一种手段。写生不但利于学生收集素材、积累形象资料，还可以练就丰富的空间想象能力；写生可以提高创作思维能力和绘画语言的表现能力，以及对画面整体效果的把握和处理能力，锻炼组织画面的能力、概括表现的能力和形象记忆的能力；写生还可以锻炼敏锐的观察能力和形象记忆能力，使学生在创作建筑钢笔画的过程中，能够运用各种表现技恰当地表达建筑设计理念（图 5-2）。

学习建筑钢笔画绝非一朝一夕之功。在学习中努力钻研，勤于思考，不断总结经验，寻找具体的规律，只有这样，经过长期的学习和积累，才能够画好建筑钢笔画。

## 一、现代建筑钢笔画

现代建筑钢笔画是将当今的特色建筑、景观、街道和公共设施等元素组成的环境作为描绘的对象（图 5-3）。其中，现代建筑整体的规划情况及建筑环境之间的高低错落关系是描绘的重点，在创作现代建筑钢笔画时还要注意当今建筑的整体轮廓和空间形态，具体的表达要注意以下几点。

（1）现代建筑通常表现的是局部空间，因此通常采用平行透视、余角透视、倾斜透视这三种透视画法，表现建筑环境特色和空间构成。

（a）

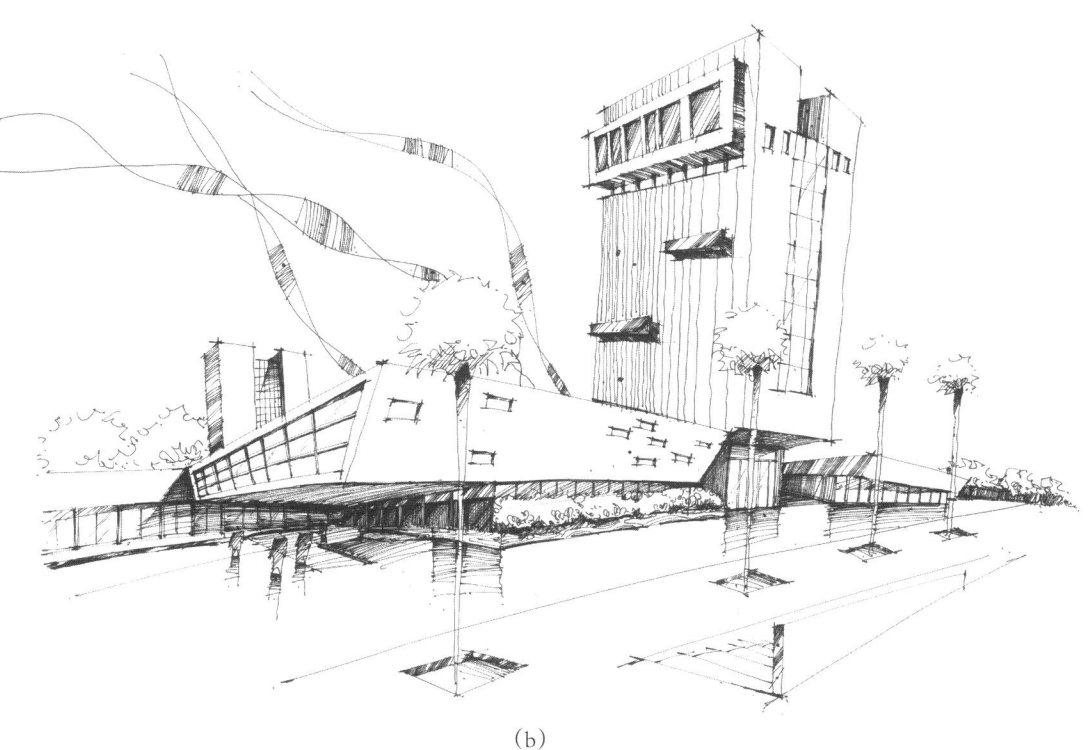

（b）

图 5-2　现代建筑写生钢笔画

　　（2）现代建筑的表现并不是孤立的，一定要将建筑与建筑周围的环境融合在一起，且统一到画面当中，其目的是让人们在欣赏画作时也能够了解到建筑环境的区域特征。

　　（3）现代建筑钢笔画涵盖的范畴很大，包括城市街道、商业街区、居住小区等。

（a）

（b）

图 5-3　现代建筑钢笔画

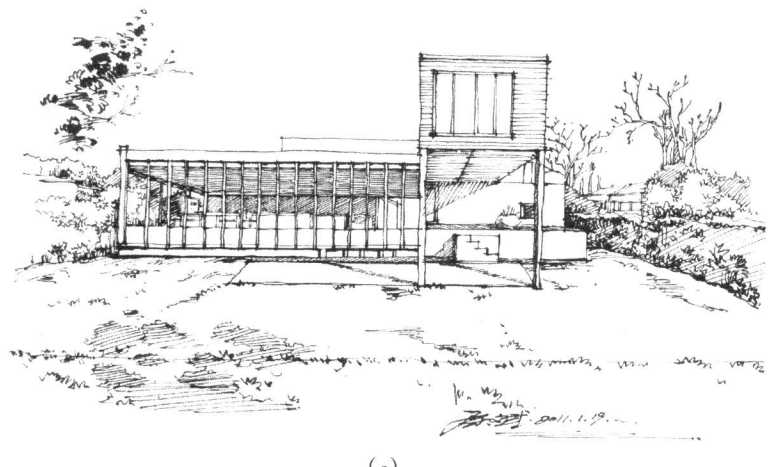

(c)

(d)

(e)

续图 5-3

## 二、建筑钢笔画写生训练技法

建筑钢笔画主要有线描表现、明暗表现和综合表现三种形式。无论是哪种表现形式，大家在写生创作之前都要进行选景、选角度，认真分析、理解对象的结构、透视、比例等形象特征，要在心中构思好，避免盲目起稿。其次，应先从主体建筑入手，再逐渐向四周扩展。注意要时刻把握整体关系，注意突出主体中心（图5-4）。

（1）明确视平线位置，确定画面的整体结构及比例关系，用铅笔勾画出构图透视、建筑的结构轮廓。注意线条要概括，能清晰地表现物体的透视、形体结构、材质特征，使画面具有丰富的层次变化，并营造好恰当的气氛。

（2）从建筑主体着手，确定画面整体的明暗基调。塑造建筑材质，进一步将建筑物中的具体结构和需要表现的内容明确下来，注意暗部调子不宜一次画得太重，应留有加深的空间。

（3）从建筑主体开始向外延伸，将画面中最重要的建筑部分先适度地突出表现，为后面的深入刻画做好铺垫，要注意调子的层次过渡。

（4）更进一步地深入刻画，将配景的不同质感和肌理效果刻画出来，注意画面铺开的顺序和配景的衔接，整体统领局部。利用对比关系，初步完成画面。在深入刻画时，始终注意整体的画面关系，做到收放自然，张弛有度。

（5）对画面进行整体微调，处理好主体建筑与配景的主次关系。

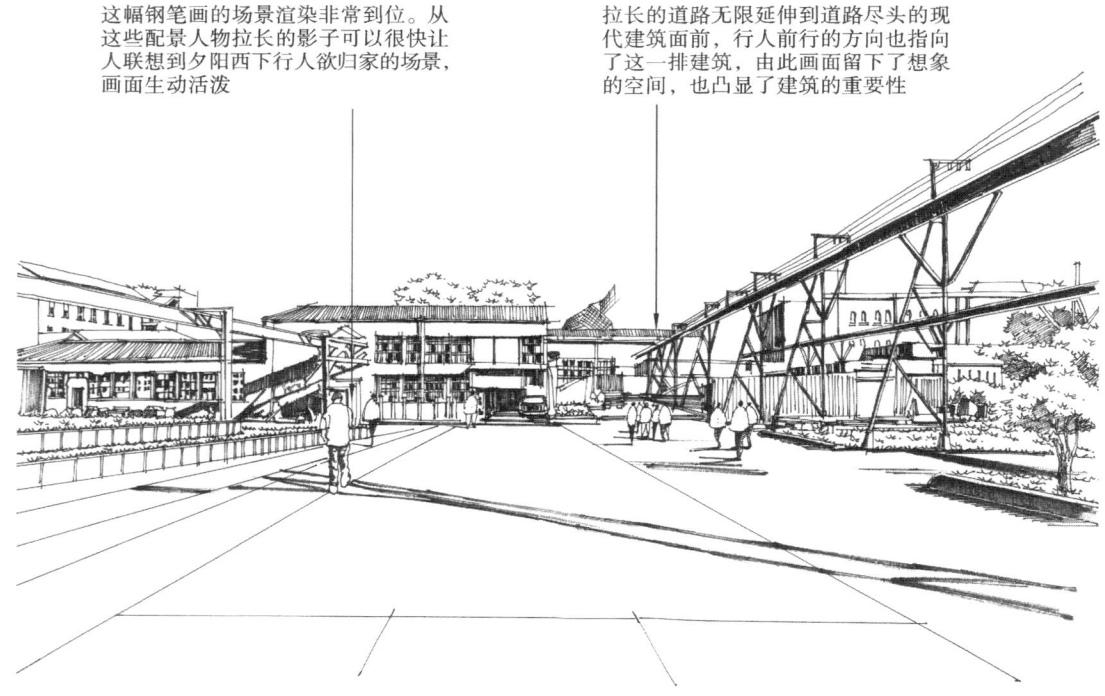

这幅钢笔画的场景渲染非常到位。从这些配景人物拉长的影子可以很快让人联想到夕阳西下行人欲归家的场景，画面生动活泼

拉长的道路无限延伸到道路尽头的现代建筑面前，行人前行的方向也指向了这一排建筑，由此画面留下了想象的空间，也凸显了建筑的重要性

图5-4　建筑钢笔画解析

## 三、现代建筑钢笔画实例分析

1.现代建筑钢笔画写生实例分析一（图5-5）

这是一座德国博物馆的外立面照片。画面采用横向构图，建筑占整幅画面的五分之四。整体建筑呈现敦实、厚重的现代感

（a）

第一步，观察写生的对象，在脑海中构思作品的构图方式及需要入画的配景元素，可以对着景物一边观察一边作画，也可以用相机拍下景物，对比着照片作画。用铅笔勾画出主体建筑的轮廓及周边配景

第二步，在铅笔稿的基础上，用钢笔勾画出景物的轮廓，注意建筑的比例大小是否合适，透视是否正确，勾线的同时还要要修改上一步错误的线条。最后擦除铅笔底稿的印记

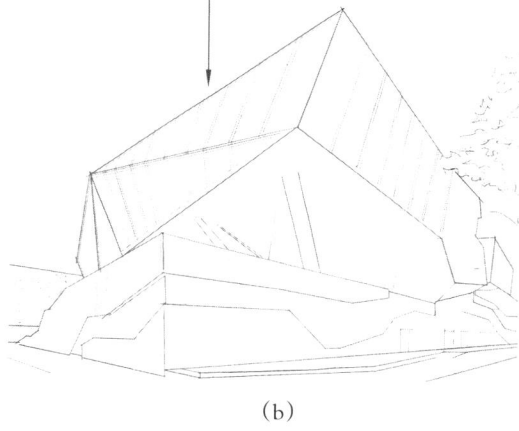

（b）

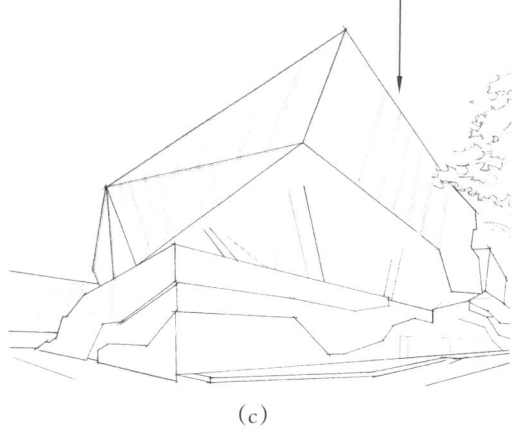

（c）

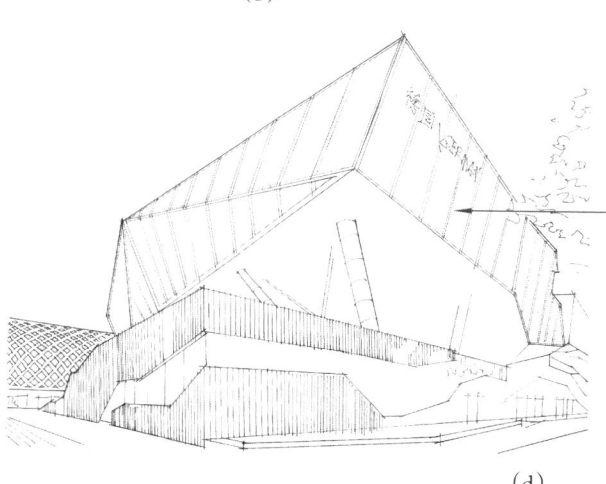

第三步，仔细刻画、加深画面中的一些细节，加强画面的层次感。最后根据景物受到的光照方向，使用简洁的竖线条加深建筑的暗部，加深了建筑的立体感，使画面的空间感更加强烈。这幅钢笔画只使用了简洁、单一的线条，画面效果却在简洁中透出一股小清新的感觉

（d）

图5-5 博物馆写生

## 2. 现代建筑钢笔画写生实例分析二（图 5-6）

照片中展现的是一座时尚的现代水上酒店。画面中通向酒店的一架桥梁延伸到画面之外，给人一种无限延伸的感受。正因如此才给了创作者一种创作的热情

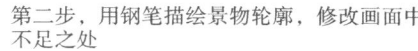

（a）

第一步，用铅笔手绘线条勾画出建筑、桥梁、水面及路面的大致轮廓。图中每根手绘线条都有着独特的特点，此时画面虽没有太大的空间及立体感，却也体现出作画者特有的画风

第二步，用钢笔描绘景物轮廓，修改画面中不足之处

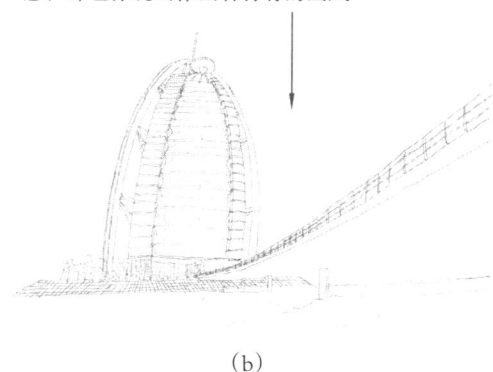

（b）

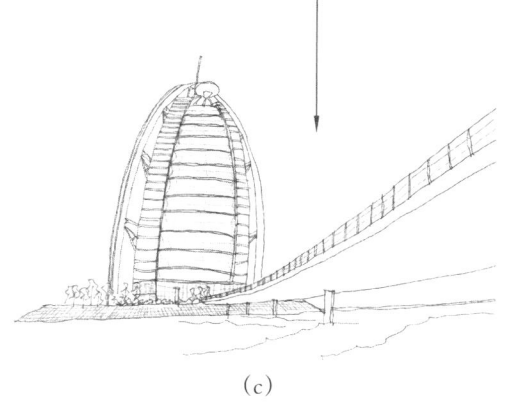

（c）

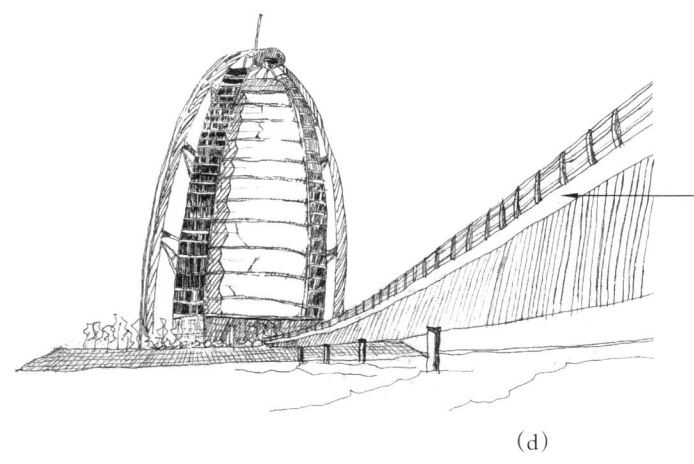

第三步，用线条叠加的方法，画出建筑及桥梁的色调变化，强化细节变化，加深建筑的立体感，丰富空间层次

（d）

图 5-6　现代水上酒店写生

第四步，加强建筑暗部阴影的明暗变化，完成上一步未完成的暗部描绘，整理画面，加强空间的立体感

（e）

续图 5-6

## 3. 现代建筑钢笔画写生实例分析三（图 5-7）

这是某楼盘的宣传效果图。画面采用竖向构图，建筑富有浓烈的现代气息，线条挺拔、雄伟。画面中除了主体建筑，还有配景人物、道路绿植和天空，照片构图饱满、丰富

（a）

第一步，用单一的直线条勾画出建筑及周边绿植的轮廓。注意这一步可以使用铅笔先打底稿，再用钢笔描绘一边

（b）

第二步，稍稍加深建筑的暗部阴影处线条，为下一步画建筑阴影最好准备

（c）

第三步，刻画建筑上的一些小细节及建筑前广场上的人群、道路等效果。勾画出物体的明暗色调，使画面线条更加鲜活、生动，最后要让画面统一协调

（d）

图 5-7　行政办公楼写生

## 第二节　古典建筑写生技法

　　古典建筑钢笔画是将古老的地域传统的建筑作为描绘主体对象，将地域环境作为背景而创作的钢笔画。在作画过程中，首先要了解所描绘的古典建筑的结构、造型和装饰特征。不同地域的古典建筑与当地人的生活行为习惯及历史有着密切的联系，了解古典建筑其实就是了解当地的文化。其次要了解地域环境的特点，其中包括地形、地貌、植被、气候等要素，这些对古典建筑的形态有着直接的影响。最后才是钢笔画技法的选择和表达。这里重点从技法和表达层面进行介绍（图5-8～图5-10）。

烟袋斜街位于北京市地安门外大街鼓楼前，是北京北城较有名气的文化街，曾留下不少文化名人的足迹。在20世纪初，街内以经营烟具、古玩、书画、裱画、文具及风味小吃、服务行业等为主，是北京北城较有名气的文化街

（a）

石堤古镇下码头，位于古镇老街的尽头，卷洞门的下方。石堤古镇始建于宋元时期，明清时期商贾云集，舟船如织，下码头成为当地及周边各县与外界的物质交流的重要通道

（b）

图5-8　中国古典建筑钢笔画

石蟆古镇，自元末建成，至今已六百多年历史。老街原有四五百米，现保存完好的有三百米，街面宽约三至四米，用条石铺设而成。沿街左右房屋高低错落，采用不对称方式，不拘一格

（c）

续图 5-8

图 5-9　西班牙托莱多古城

图 5-10　欧洲古典建筑钢笔画

古典建筑钢笔画主要是表现古建筑的结构、造型、材质和装饰细部特征。这些特征相对于现代建筑而言比较复杂，因此通常采用光影的技法对细节进行刻画和描绘，一般采用黑白对比的形式，整个画面中不宜出现过多的灰面，以免暗部和阴影处理影响建筑结构的表达。另外，在处理古典建筑钢笔画的时候还要考虑到传统环境空间的特点，不能将单一民居从村落环境中剥离，在画面立意取景和构图组织过程中要将古建筑特征、植被绿化特征、地域民俗风情特征统一起来，不能脱离地域环境。

古典建筑钢笔画写生实例分析一如图 5-11 所示。

这是一座欧式古典造型的别墅，照片里前景、中景、远景层次分明。可以看到画面中景物有点繁杂，在后面制图时，可以适当删减一部分不是很重要的配景，避免后期钢笔作品的画面过于杂乱

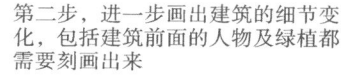

（a）

第一步，先打好铅笔稿，再用钢笔勾画一边。注意可以先简单勾画出建筑及周边绿植的轮廓，建筑前的人物及其他配景先不画，这一步只画主体的轮廓

第二步，进一步画出建筑的细节变化，包括建筑前面的人物及绿植都需要刻画出来

（b）

（c）

图 5-11　古典建筑钢笔画写生实例

第三步，用颜色深浅不一的线条画出建筑的屋顶，不同位置、造型的屋顶的表现方式各不相同。建筑的阴影采用线条叠加的方式，使用大面积的斜线来表现。最后注意统一画面的线条，加强暗部的色调变化

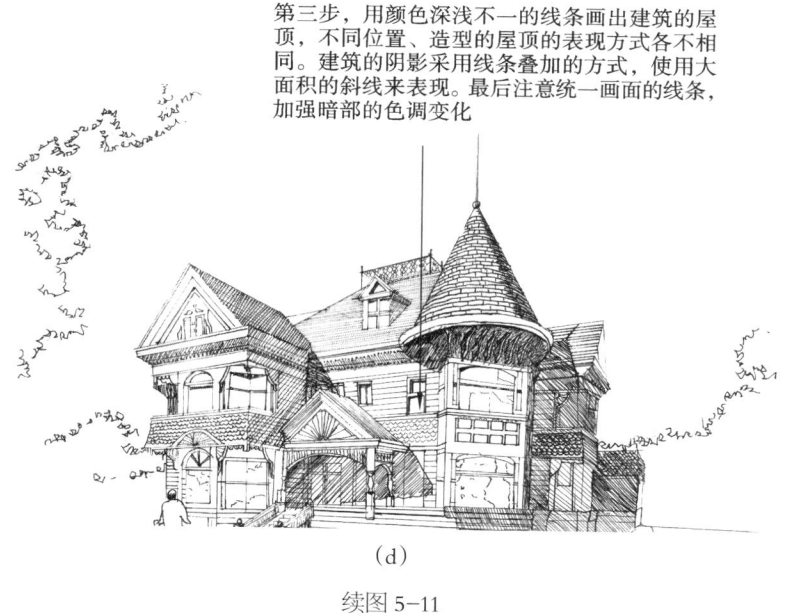

（d）

续图 5-11

## 第三节　建筑鸟瞰钢笔画写生技法

　　建筑鸟瞰钢笔画写生是将建筑及其周围环境作为观察、记录和分析的对象，运用钢笔进行准确的描绘、表达，它是建筑师、景观设计师、室内设计师必备的基本技能之一。

　　建筑鸟瞰钢笔画写生直接对照实物作画，要求真实、准确地描绘观察到的对象，不仅要真实地表现建筑的结构、质感及空间关系等，还要反映建筑与人文环境的关系，使之成为具有一定艺术意境和审美价值的绘画艺术作品。写生是训练作画者观察和感受从而描绘对象的最有力的方式。在学习建筑钢笔画写生的过程中，作画者应当学会采用不同的表现方法（图 5-12、图 5-13）。

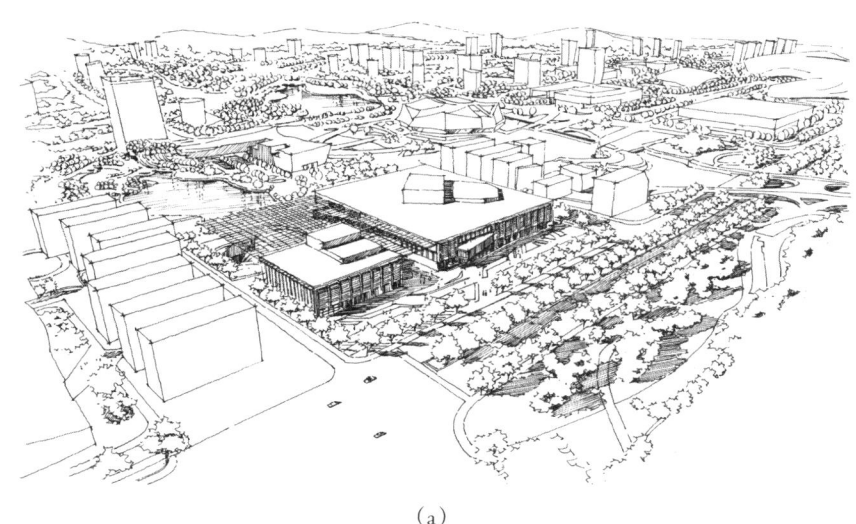

（a）

图 5-12　建筑鸟瞰钢笔画写生

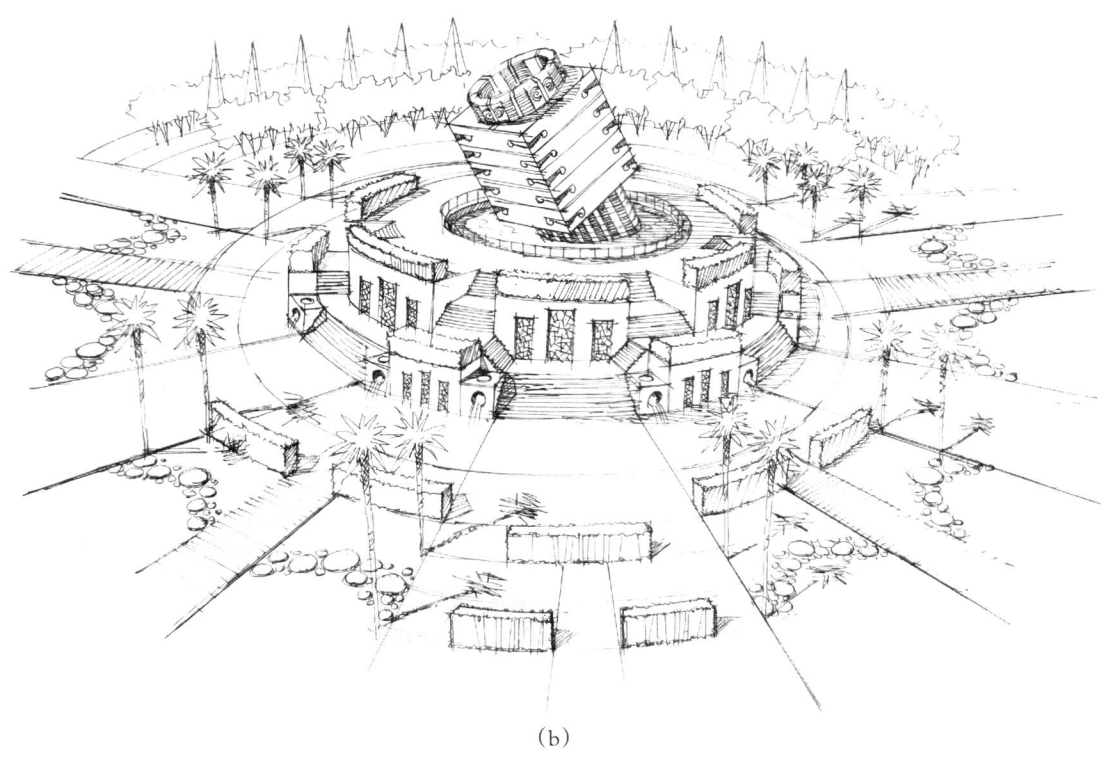

（b）

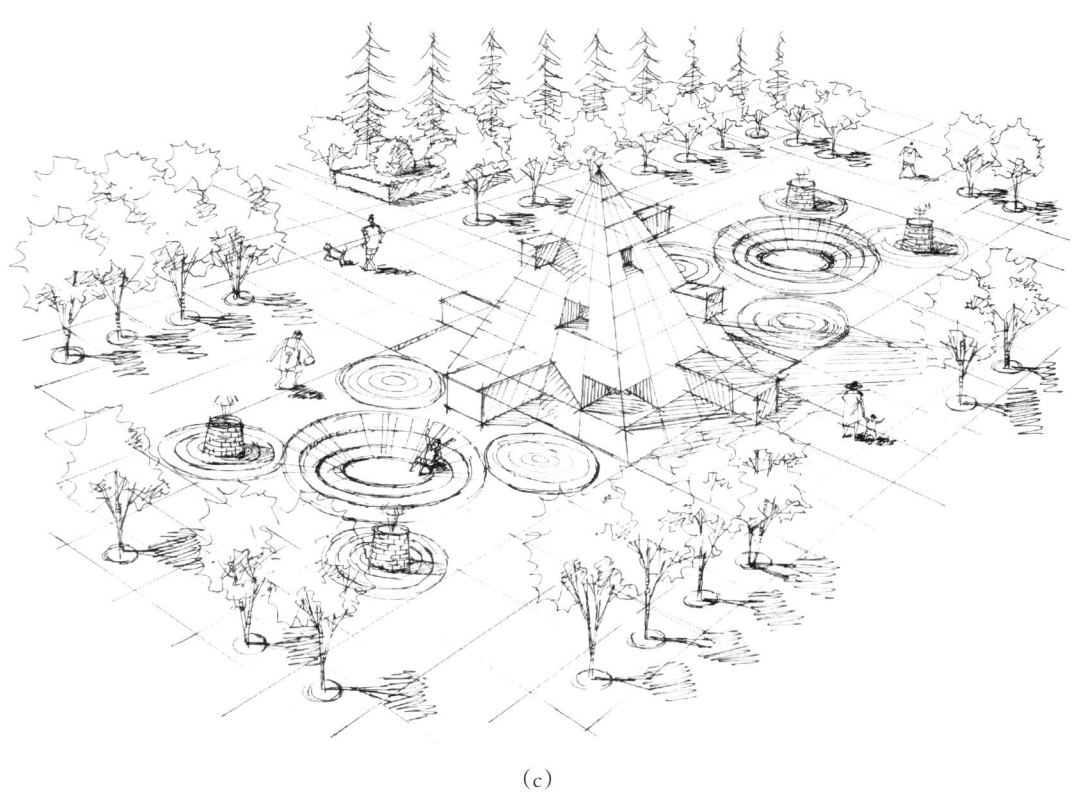

（c）

续图 5-12

（d）

（e）

续图 5-12

这是建筑鸟瞰效果图，与通常的俯视、仰视效果钢笔画的作图方式不太一样。首先在开始作画时，心中要构思画面整体的透视关系，透视的正确与否关乎着作品的成败

(a)

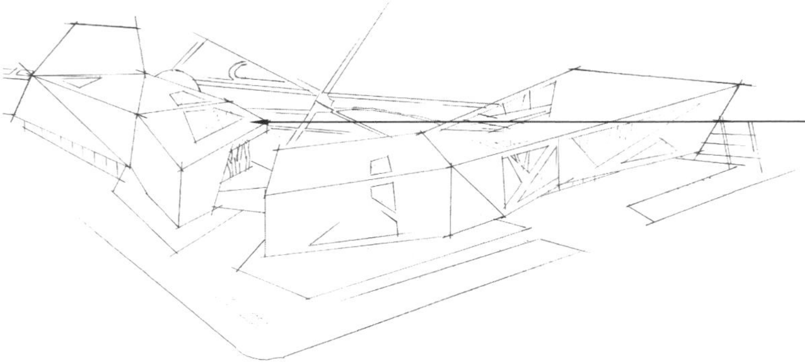

第一步，用铅笔辅助直尺，从画面的外围道路轮廓着手，一步一步开始勾画，最后画出道路内的所有建筑

(b)

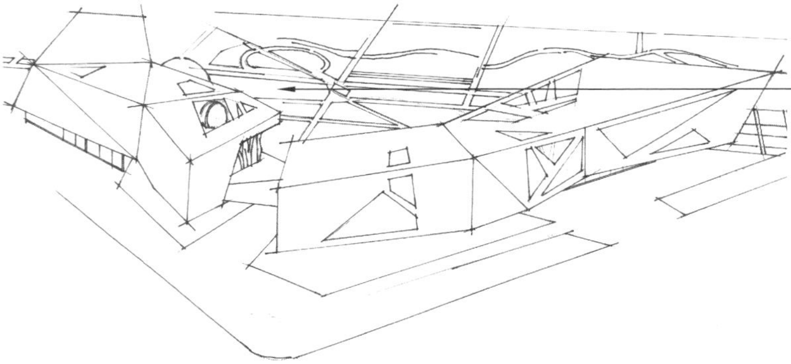

第二步，在铅笔底稿的基础上，使用钢笔再描绘一遍，注意在描绘的过程中，观察哪些地方的线条存在透视问题，可以直接用钢笔线条进行修正

(c)

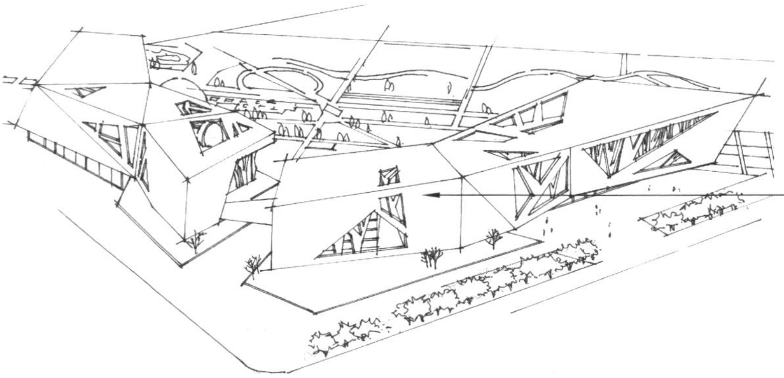

第三步，观察写生照片，刻画出建筑门窗结构细节及道路绿化。可以辅助直尺画出直线条，注意画面整体用线简洁、明了，没有过多的线条修饰

(d)

图5-13　建筑鸟瞰钢笔画写生

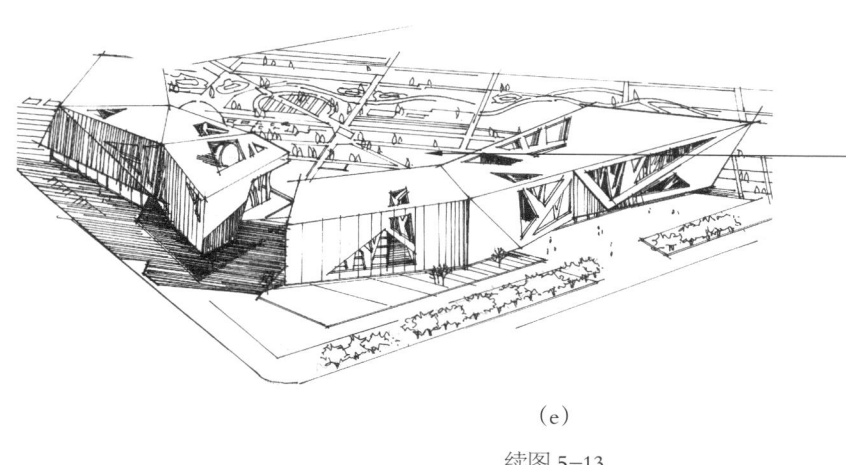

第四步，根据物体的需求，使用斜线条和直线条刻画出画面中的明暗变化。其中颜色较深的地方可以使用线条叠加的方法来表现

（e）

续图 5-13

141

# 第四节　建筑钢笔画作品欣赏

建筑钢笔画作品如图 5-14 和图 5-15 所示。

（a）子久草堂

图 5-14　杭州古建筑写生作品

（b）云栖竹径

（c）北山路岳王庙

续图 5-14

(d) 御码头

(e) 燕南寄庐

续图 5-14

(f)西湖的龙船

(g)吴山广场的吴山天风

续图 5-14

（h）宋城

（i）三潭印月亭

续图 5-14

(j)三潭印月

(k)钱塘江大桥

续图 5-14

(1)城隍阁

(m)灵隐飞来峰

续图 5-14

（n）胡雪岩故居内景

（o）净慈寺

续图 5-14

（a）

图 5-15　徽州古建筑写生作品

（b）

（c）　　　　　　　　　　　　　　　　（d）

续图 5-15

（e）

（f）

续图 5-15

# 思考与练习

1. 学习建筑钢笔画写生的好处有哪些？

2. 建筑钢笔画写生训练技法是什么？

3. 如何处理好建筑钢笔画整体与局部的关系？

4. 在建筑钢笔画的绘制中，如何营造与建筑相适宜的环境氛围？

5. 古典建筑钢笔画写生主要需要表现哪些细部特征？

6. 现代建筑钢笔画有哪些描绘的对象？

7. 现代建筑钢笔画绘制需要注意哪几点？

8. 从现代建筑、古典建筑、建筑鸟瞰三种形式中选取一个案例写生。

# 第六章
# 建筑钢笔画速写技法

学习难度：★ ★ ★ ★ ☆

重点概念：速写、表现形式、取景与构图、透视、方法步骤

**章节导读**

　　速写作为一种收集与积累创作素材的有效手段，是培养观察力和概括力的重要训练方法。建筑钢笔画速写是建筑学、艺术专业的学生学习研究设计的基础。速写无疑是方便、快捷的一种表现形式，如果没有好的速写基本功，就不可能画出好的构思草图，更不可能完整地表达出自己的设计理念。本章从建筑钢笔画速写的表现形式入手，详细介绍了在速写时可以运用的技巧和方法，并配有示例图，可以帮助建筑学、艺术专业学生掌握速写的技巧和方法（图6-1）。

图 6-1　大师建筑钢笔画作品

# 第一节　速写工具与技法特点

　　建筑钢笔画速写的工具和材料在所有的艺术表达形式中是最简单的。甚至说，有一张纸与一支笔就可以完成一张速写。但是随着新技术、新材料的发展，绘画工具不断丰富，建筑钢笔画速写的表达形式也更加多样化（图 6-2）。了解工具是掌握一门技法的先决条件，速写的工具很多，大家应对一些常见的工具以及性能特点有一个整体的了解，下面介绍几种最常用的工具和材料。

## 一、笔的种类

　　笔的种类繁多，主要有钢笔、铅笔、炭精条、木炭条、炭笔、圆珠笔、毛笔、马克笔等。每种笔的效果都大不相同。大家可以根据特定的要求选择不同的工具。

### 1. 钢笔

　　钢笔作为速写工具，因使用方便而被普遍采用。在钢笔画速写中比较常用的有普通钢笔、中性笔、美工笔、针管笔、蘸水笔等。普通钢笔画出的线条挺拔有弹性，调子变化靠排列线条叠加完成，可深入刻画画面效果；美工笔为特殊弯头钢笔，线条可粗可细，作画

钢笔画线条挺拔有弹性，调子变化靠排
列线条叠加完成，刻画细致，画面效果
灵活，对比鲜明

(a) 钢笔表现效果

炭笔刻画的线条实而细，侧倒时，线条虚而粗，
锐利又富有变化。通过用笔的轻重快慢与俯仰正
侧，或勾或皴

(b) 炭笔表现效果

图 6-2　建筑钢笔画速写作品

线条粗细不同，线描风格迥异。画面以线为主，线条基本无深浅变化，使用明确而肯定的单线，通过线的排列构成色调，而线条疏密变化表现出了色调层次和变化

（c）针管笔表现效果

与针管笔表现效果一致，中性笔线条基本无深浅变化，并通过单线条排列构成丰富的色调，画面层次丰富，有着独特的画面风格

（d）中性笔表现效果

续图 6-2

时可做到线面结合，画面效果灵活，对比鲜明；中性笔和针管笔都可以画出匀称的线条，适合表现以线为主的画面，不同型号的针管笔或中性笔画出来的线条粗细不同，可以表现出风格迥异的线描效果。钢笔（图 6-3）画速写的基本技法一般以线为主，线条基本无深浅变化，不易擦拭涂改，需判断准确，下笔果断，不可犹豫。钢笔有很强的表现力，既可以画出简单、明确而肯定的单线，也可通过线的排列构成色调，线条疏密亦可表现色调层次和变化。钢笔与不同的纸结合使用，线条可呈现丰富的变化和表现力。

## 2. 铅笔

铅笔（图6-4）是大家最熟悉的工具，也是进行建筑钢笔画速写创作时最常用的工具，是普遍采用的建筑画钢笔速写工具之一。铅笔根据硬度分为硬铅笔（H型）和软铅笔（B型）两大类，每一类有六七个级别，数字越大，相应的软度或硬度越高。一般硬笔适合画以线条为主要表现手段，工整、娟细的速写；软笔适合画以线和色调结合且线条流畅、奔放的速写。一般来说，B、2B、3B、4B的软硬较为合适。铅笔的特点是润滑流畅，便于掌握，线条可粗可细，可轻可重，通过用笔可产生丰富的变化。

图6-3　钢笔　　　　　　　　　　　　　　　　　图6-4　铅笔

## 3. 炭精条

炭精条（图6-5）有黑色、棕色及暗绿色等，外形或方或圆，比炭笔更有表现力。炭精条削尖后，线条实而细，侧倒其线条虚而粗，可以进行大面积涂擦。利用炭精条的棱边又能画出锐利又富有变化的线条。通过用笔的轻重快慢与俯仰正侧，或勾或皴，铺以手指、纸笔、橡皮，可以制造出丰富的层次效果，非常适用于大幅的速写创作。

## 4. 木炭条

木炭条（图6-6）质地比炭笔更加松脆，附着力差，用布轻轻一拍就会掉，所以进行创作时没有顾虑，易于掌握，适宜于大幅的粗放速写，放笔直干，效果立出，不过要注意画后需用定画液固定。

## 5. 炭笔

相对于铅笔来说，炭笔（图6-7）质地较松脆，黑白对比度强，便于画出丰富的层次与色调，借助手的揉擦，或者辅以橡皮的提擦等，可以让画面的效果变化更多。大多数创作者都喜爱用炭笔这种表现力较强的工具。

图6-5　炭精条　　　　　　　　图6-6　木炭条　　　　　　　　图6-7　炭笔

### 6. 毛笔或软头笔

毛笔或软头笔可借鉴中国画的技法，如勾、点、皴、擦等。用不同的笔触表现不同的物体，产生不同的画面情趣。毛笔表现力强，效果丰富，但也比较难掌握。毛笔有硬毫、软毫和兼毫三类，其性能刚柔有别，可根据偏好选择。毛笔一般在宣纸、高丽纸、元书纸上画速写效果最好，其笔法很多，画速写多以钩、皴、擦、点为主。毛笔速写应充分发挥其特有的性能，通过用笔的正侧顺逆及速度与力量的变化，再加上用墨的浓淡干湿的调配，制造出鲜活的、极具形式意味的墨相来（图6-8、图6-9）。

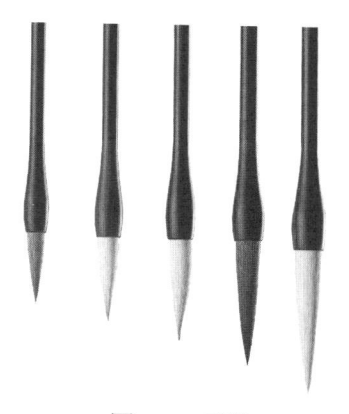

图 6-8　毛笔

图 6-9　软头笔

## 二、纸

速写用纸种类很多，不同质地的纸张呈现的效果大不相同。绘图纸（图6-10）质地细密光滑，适合铅笔、炭笔、钢笔表现；图画纸或素描纸纸质薄软，有一定吸水性，适合铅笔、炭笔、钢笔，也适宜钢笔淡彩画表现；毛边纸（图6-11）的质地泛黄，纸面较粗糙，适合炭笔或毛笔作画；卡纸质地光滑、厚实，吸水性不强，正面用钢笔画速写表现，效果较佳，反面灰面炭笔钢笔表现均适合，高光处用白色提亮，效果更好。

图 6-10　绘图纸

图 6-11　毛边纸

### 三、其他辅助工具

界尺、钢角尺、曲线版、比例尺、设计模版（分为圆形、椭圆以及曲线型）等辅助工具在建筑钢笔画速写中运用较多（图6-12）。

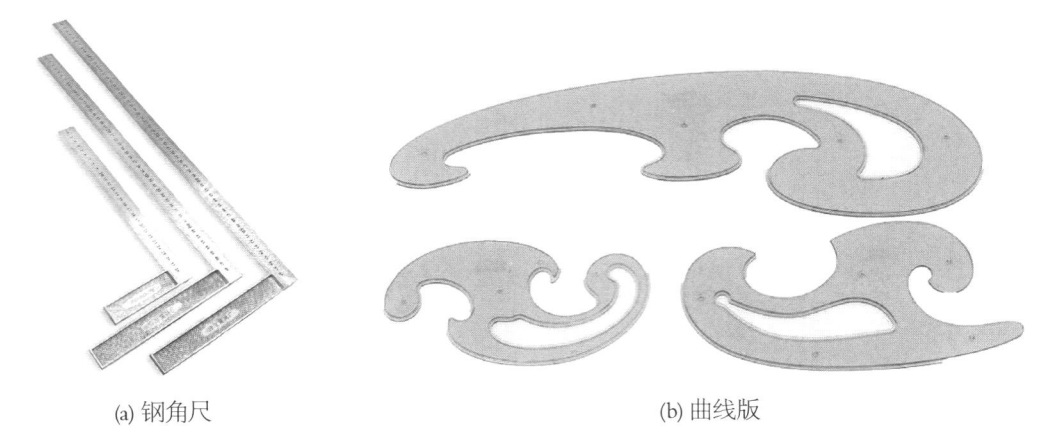

(a) 钢角尺              (b) 曲线版

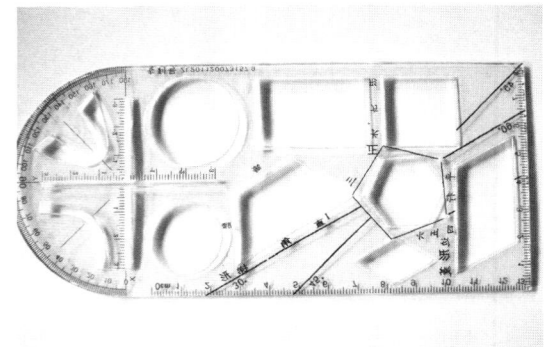

(c) 比例尺              (d) 设计模版

图6-12　辅助工具

## 点　绘

小贴士

钢笔画中点的运用形式是营造画面氛围的一种主要方法，"缩线成点，聚线成面"，点、线、面之间密不可分，甚至能够相互转换。运用点也能塑造建筑形体，只是需要极大的耐心，一定要逐层深入。

点与点连接成虚线，能够将黑色的实线减弱，将线条变得更加柔和、轻巧。在需要对建筑钢笔画线条进行补充和丰富的时候，使用点进行小面积的点绘、有序的穿插，反而使画面层次更加丰富，也不会显得呆板、杂乱无章。除此之外，点绘还能用来表述光影的变化。

## 第二节　速写的表现形式

　　建筑设计师常用速写来记录生活中生动的场景，收集优美的风景，表达创意构思。建筑钢笔画速写既是造型艺术的基础，又是一种独立的艺术形式（图6-13）。建筑钢笔画速写一般可以分成记录式再现的形式和表现主观意识的形式。当然，不同的形式表明绘画者侧重表现的是什么。

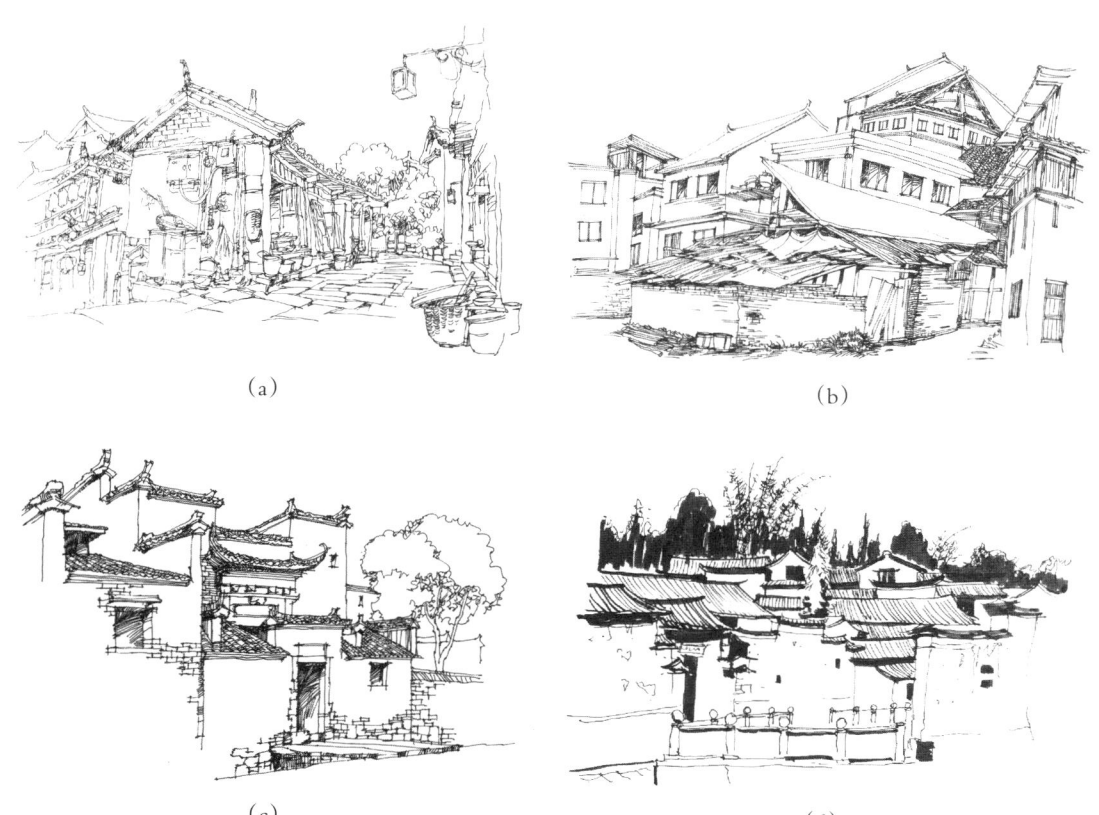

　　　　　　（a）　　　　　　　　　　　　　　（b）

　　　　　　（c）　　　　　　　　　　　　　　（d）

图6-13　建筑钢笔画速写作品

速写同素描一样，不但是造型艺术的基础，也是一种独立的艺术形式。

## 一、线条

　　钢笔速写最基本的造型要素就是线条，它也是钢笔画速写最基本的造型要素。线条所表现的特征是直接、快速、简练、准确，既符合速写本身的特点，又充分适应了速写的造型需要。线条的种类大致可分为横线、竖线、斜线、曲线。这些线，就其给人们的感觉来说，可分为浓淡、软硬、疏密、锐钝。线是人们对物象形体的概括与归纳，用线正是为了突出表现对象的主要方面，突出表现最为精彩的部分。

　　根据内容与对象来用线是手段，表现对象才是目的。画钢笔速写，不应只是为画线条而画线条，而应从内容出发，从表现对象入手。用长线，不要用短线拼凑。用长线是为了对物体进行全面的观察和概括。概括就是要省略细节，省略非本质的部分。当然，概括并不是把对象"画空"。要画得自然，不要像铁丝似的把形"框死"，要根据内容与对象灵活用笔。用笔时可以有轻重快慢，除关键的结构外，可以画得轻松些。不必过分计较这一笔画下去一定要画准，画不准、画不对时再补上一笔也未尝不可。速写的画面效果在很大程度上取决于作者本人的审美及眼力和表现能力。只要基本上已表现出观察所得与所画的意图，即可收笔。至于面面的完整与不完整问题，都是相对的。有的画，画得面面俱到，看似完整，其实是不完整的；有的画，只画了某个局部、某个特写，看似不完整，其实在艺术上却是完整的。

由于工具、材料的不同，线条会产生各具特色的丰富变化，除一般具有干湿、浓淡、粗细、曲直等形态变化外，线条的流畅或滞重、飘逸，或苍劲、急促，或舒缓，隽永，或凝重、俊秀，或粗犷等，更富情感性表现特征或独特的形式美感。线条形式的速写，通过线的长短、粗细、曲直的变化和线的穿插、重叠、疏密等组合，用来表现形象的轮廓，暗示形体的体积空间，概括物象的层次，强化形象的特定动作、神态和情绪，都会大大增强速写的表现力（图6-14、图6-15）。

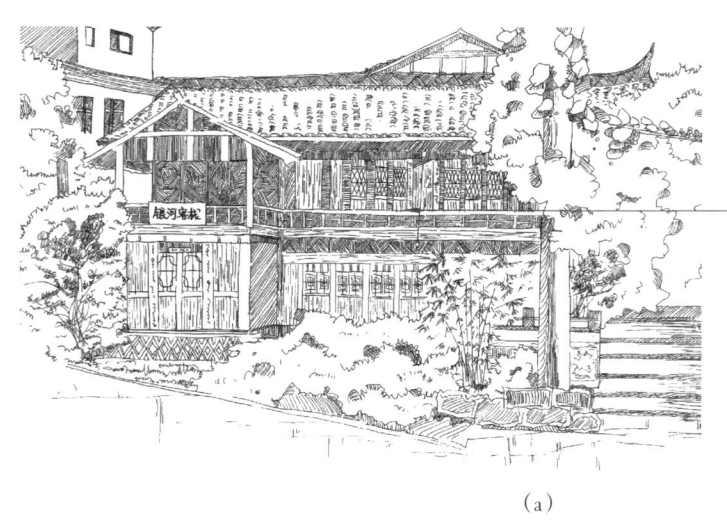

画中是以细线为主，无论是物象的轮廓，还是明暗色调的表现，都是采用斜线、竖线等基础线条来完成的。画面给人一种细腻、清秀、隽永的感受，也不失为一种别样的美

（a）

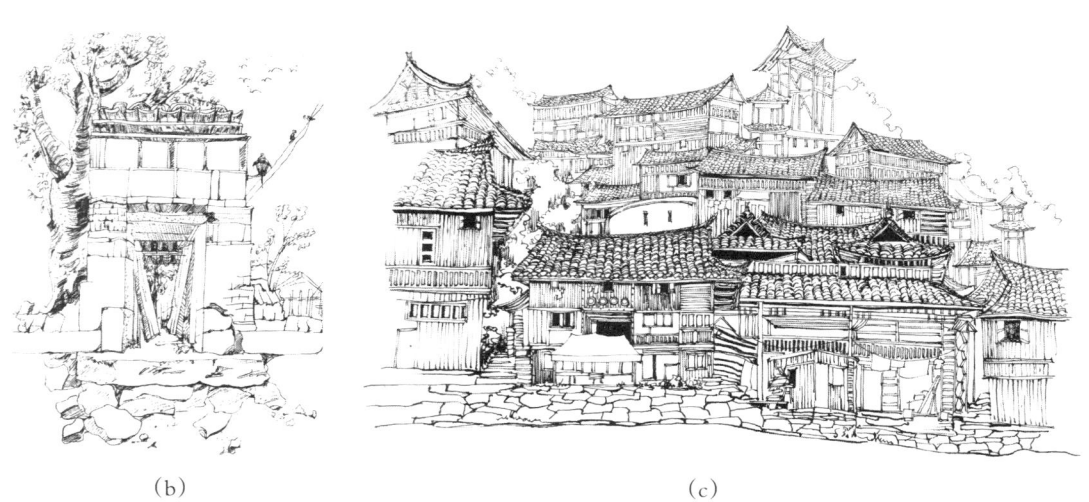

（b）　　　　　　　　　　　　　　　　（c）

图6-14　以线为主的建筑钢笔画速写

（d）　　　　　　　　　　　　　　　　　（e）

续图 6-14

画面线条粗狂、狂野，给人一种狂放不羁的感觉，并通过这种线条形式刻画出了一幅老街的日常景象

这幅画记录了农家餐馆门前的场景。画面中线条流畅、清晰、简洁，给人一种清新、舒爽的感觉

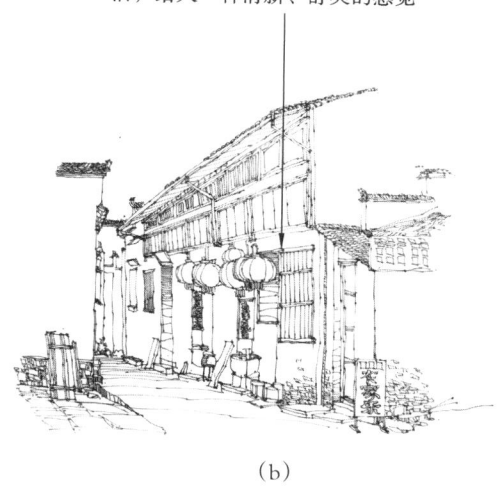

（a）　　　　　　　　　　　　　　　　　（b）

图 6-15　以线为主的场景建筑钢笔速写

**建筑钢笔画速写时应注意的问题**

建筑钢笔画速写时应注意以下问题。

1. 线的穿插

线与线之间的穿插和呼应关系是丰富画面节奏感的重要因素。同时，线的穿插呼应关系和透视关系对表现物象的空间感、层次感起着重要的作用。不同方向的线的组织穿插，给的方向感是不一样的，它可以直接表现物体的透视方向。但速写又不同等于线描，如果每一处的刻画都像线描一样注意纹理，线与线之间的穿插呼应又失去了速写富有节奏、流畅淋漓的

韵味。

2. 线的取舍

肯定基本形之后，对于线的处理应注意注意疏密对比，体现结构，忌平行。

3. 线的对比

在速写中，通过对比发现物体形体比例、透视关系的正确与否。而速写中强调在形体比例、动态、透视等方面准确的前提下，利用和强调线的对比，通常有以下几种对比手法：线的曲直对比，线的浓淡对比，线的虚实对比，线的长短对比，线的疏密对比，线的粗细对比。

线条运用的根本目的是为建筑钢笔速写形象服务。线条运用是否完美，以对物象形态和情态的完美表现为唯一原则。建筑钢笔画速写训练切不可脱离这一根本目的和唯一原则。对线条的自如驾驭和自由运用，需要努力实践，认真总结，不断积累，只有坚持，才能水到渠成。

## 二、明暗色调

明暗色调同样是建筑钢笔画速写的基本造型语言，并且运用十分广泛，具有丰富的表现力。建筑钢笔画速写中的明暗色调，或用密集的线条排列，控制线条排列的疏密而构成具有明暗变化的色调，适合对物象作概括而深入的表现；或将笔侧卧于纸面，放手涂画擦抹，而构成深浅不同的块面色调，将使物象的表现更为生动而鲜明；或用毛笔蘸墨汁大片涂抹或干笔皴擦，也可获得富有浓淡深浅变化的色调，而具有独特的审美趣味和表现力。

简练、概括是建筑钢笔画速写的基本特征。以明暗色调为主要表现手段的速写，在明暗色调的运用上与一般素描相比，特别需要强调简练与概括。无论是运用色调表现物象的形体结构、动态特征，还是运用明暗色调表现物象的空间关系、情绪气氛，都必须做到简练、概括。要注重抓好黑、白、灰的大关系，控制或减弱中间灰色层次，不可对物象明暗色调如实描摹（图6-16）。

（a）　　　　　　　　　　　　　　　（b）

图6-16　以明暗色调为主的建筑钢笔画速写

(c)　　　　　　　　　　　　　　　　　　　　(d)

续图 6-16

　　建筑钢笔画速写要做到明暗色调的简练、概括与控制，一是要依据物象的形体结构特征，掌握明暗交界线的色调关系；二是依据物象固有色的深浅程度，处理好明暗色调层次；三是依据画面的需要，运用明暗变化规律，能动地调整和控制明暗色调。

## 小贴士

### 明暗速写注意点

明暗速写注意事项如下。

（1）黑白要讲究对比，要注意黑白鲜明，忌灰暗。

（2）黑白要讲究呼应，要注意黑白交错，忌偏坠一方。

（3）黑白要讲究均衡，要注意疏密相间，忌毫无关系。

（4）黑白要讲究韵律，要注意起伏节奏，忌呆板。

## 三、线面结合

　　将线条与明暗色调结合起来作为表现手段的建筑钢笔画速写，称为"线面结合的速写"，作为建筑钢笔画速写的表现要素，将线条与明暗色调结合起来，有利于发挥两者的造型优势，又弥补二者的不足，是一种普遍采用的速写方法。

　　线条与明暗色调相结合的表现手段和速写方法，能为速写对象带来广泛的适应性，让建筑钢笔画速写形式更加多样丰富，可以为绘画者带来更为自由的创造空间。从建筑钢笔画速写的表现要素来讲，既能充分发挥线条抓形迅速、造型肯定、表现灵活的优点，又能充分发挥明暗色调丰富表现、强化形体、渲染气氛的优势。因此，将线条与明暗色调有机结合、融为一体，能够增强速写的表现力（图 6-17、图 6-18）。

(a)

(b)

(c)

(d)

(e)

(f)

图6-17　小镇建筑钢笔画风景速写

（g）

（h）

续图 6-17

（a）

（b）

（c）

（d）

图 6-18　村屋建筑钢笔画速写

在线条与明暗结合的具体运用中，一是线条与明暗色调要有主次，切忌主次不分；二是线条与明暗色调要紧紧围绕形象的表现有机地结合，切忌烦琐地如实描摹。

## 第三节　速写的基本原则

在建筑钢笔画速写时，不能照搬照抄，需要对物体进行总体系统的观察，根据对物体总体的印象和感受选择构思，舍弃琐碎的、与总体构思无关的细部，强化所要描绘的事物的特征（图6-19）。

图6-19　茅草屋

## 一、构图

在建筑钢笔画速写时，用的画纸通常是长方形的，面对景物采用直构图、横构图或是方构图都要根据绘画者想要表现的效果来决定，一般高大的景物可用直构图（图6-20），宽广的景物可选择横构图（图6-21），而画近景或画某个局部景物则可以选择相对较灵活的方构图。

图6-20　直构图　　　　　　　　　　　　图6-21　横构图

## 二、主次

　　速写与写文章和说话一样，要有主次和条理，要清楚地表达画面内容，否则画面杂乱无章，再好的技法也不能发挥作用。因此，在速写时自始至终要明确什么是画面的主体部分，什么是衬托物，只有这样才能创作出一幅完美的速写作品。如图 6-22 所示。

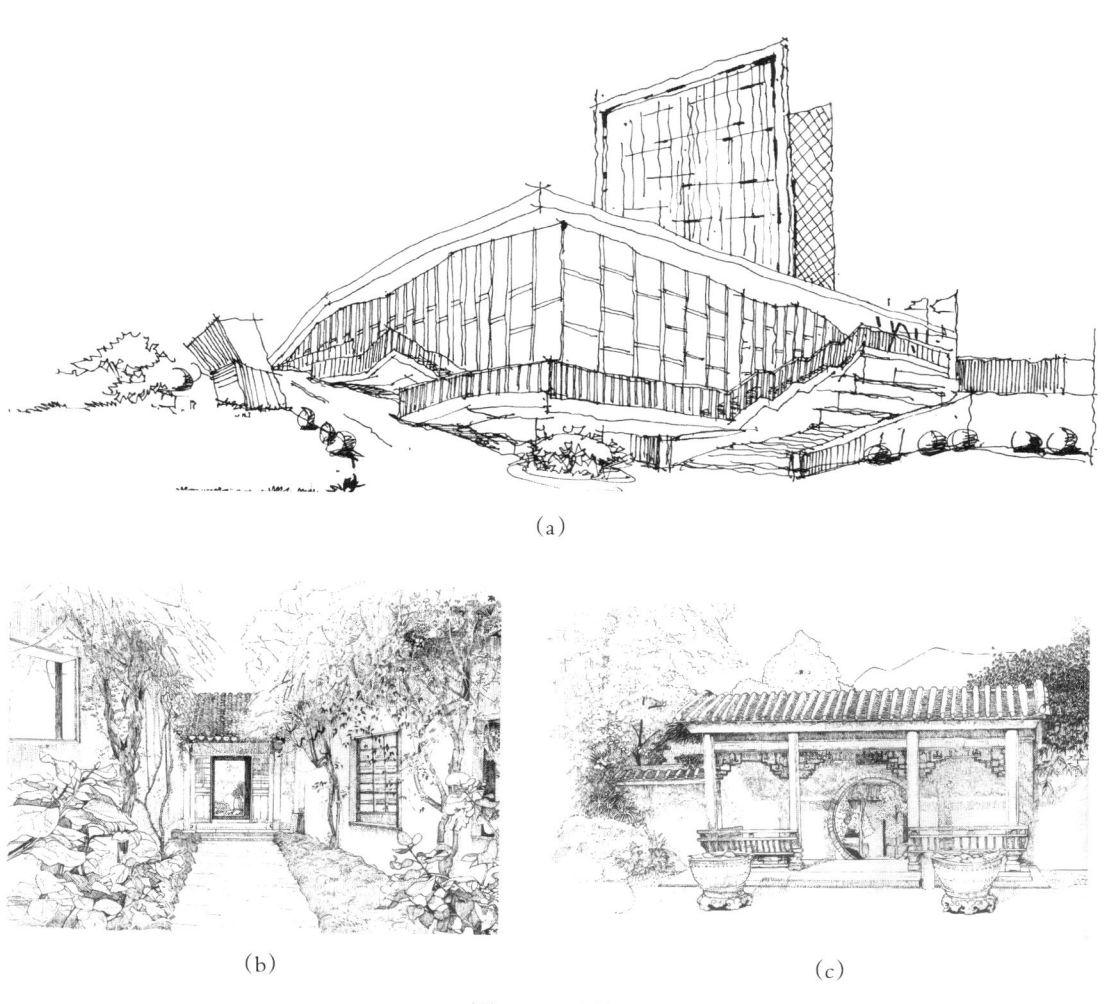

（a）

（b）　　　　　　　　　　（c）

图 6-22　主次

## 三、明暗

　　明暗，就是黑与白的对比。在画建筑钢笔画速写时，绘画者可以利用这一对比关系，突出画面的主体，强化空间感，一般的处理方法为主体部分黑白对比强烈明快，而衬景部分则要减弱黑白对比，避免次要部分喧宾夺主，另外，要把握好画面整体的黑白结构以及整体黑白基调。如图 6-23 所示。

## 四、层次

　　在安排画面时必须要考虑前后空间的关系，安排好近景、中景和远景三者之间的关系，主体的景物可以放在近景、中景，也可以放在远景，要灵活应用。如图 6-24 所示。

(a)

(b)

图 6-23　明暗

(a)

(b)

(c)

图 6-24　层次

## 五、疏密

　　疏密关系主要体现在以线为主的画面上，要运用线条的疏密对比去表现物体的规律，主体部分画得密，其他部分画得疏，以此来体现画面的空间感。如图 6-25 所示。

（a）

（b） 　　　　　　　　　　（c）

（d）

图 6-25　疏密

(e)

续图 6-25

## 六、虚实

在建筑钢笔画速写中，画面的虚实处理是根据画面中景物的主次决定的，主体近景要画实，中景和远景及次要的景物则要画虚。这样，通过虚实处理能使画面层次更加丰富。虚与实是相对的，应做到虚中有实、实中有虚（图 6-26）。

(a)

图 6-26 虚实

（b）　　　　　　　　　　　　　　　　　　　　（c）

（d）　　　　　　　　　　　　　　　　　　　　（e）

续图 6-26

## 七、均衡

　　均衡是指一种视觉需求，在建筑钢笔画速写中，景物线条的疏密、块面的大小、明暗的强弱等许多因素，都会影响到画面的均衡，在速写过程中要时刻注意调整，过度平衡将会显得呆板（图 6-27）。

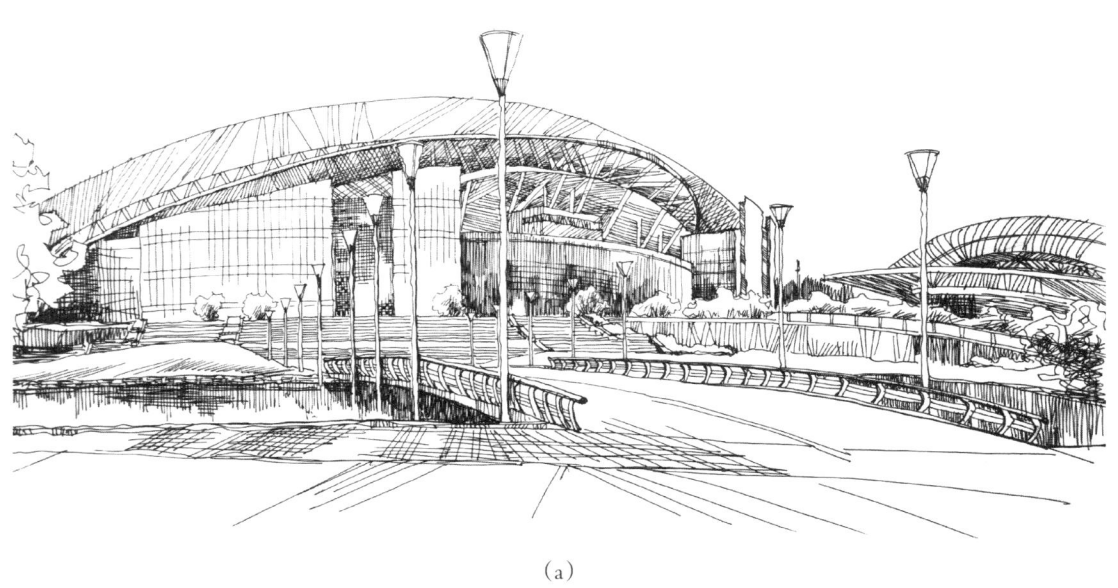

（a）

图 6-27　均衡

（b）

（c）

续图 6-27

## 八、变化与统一

　　一幅好的建筑钢笔画速写作品，既要有丰富的变化，又要有整体的统一，在追求丰富的细节变化时，必须考虑到与整体的统一关系，使整体中有变化、变化中求整体（图 6-28）。

（a）

图 6-28　变化与统一

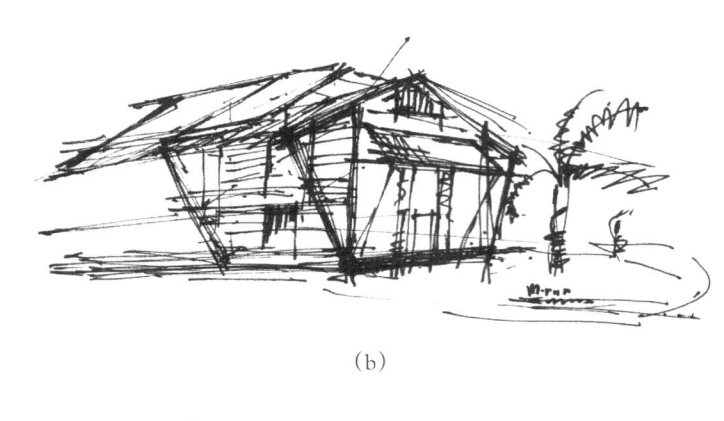

(b)

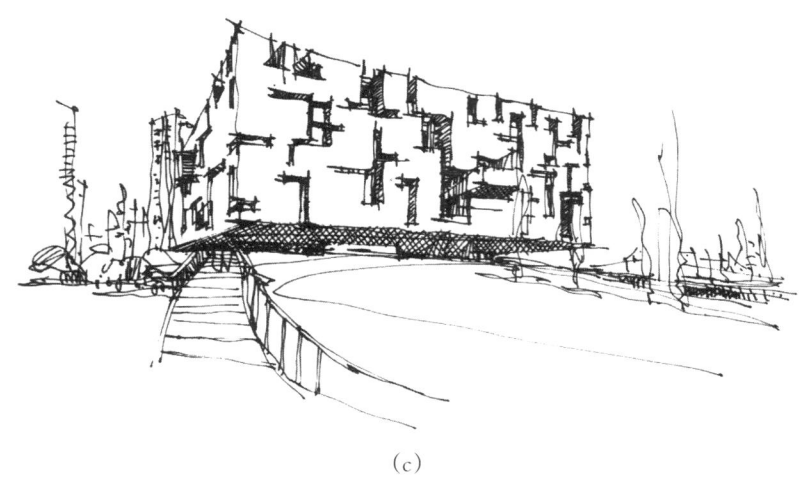

(c)

续图 6-28

# 第四节　速写的具体步骤

建筑钢笔画速写需要绘画者手、眼和脑并用，并通过对对象的分析，然后进行刻画。只有通过这样的过程，才能加深对绘画对象的感性理解和记忆，同时也有利于提高对物体的艺术感受能力。实践证明，速写画得好的人往往脑灵手巧，做起设计来奇思迭出，反应灵敏，表现快速。建筑钢笔画速写的掌握需要长期的训练，不是一朝一夕就能驾驭的。速写的体裁与形式是多样的，静物、石膏像、人物、植物等都可以纳入画面，设计草图、记录资料，甚至电影电视中的图像，都可以作为速写的题材。在绘画时手脑合一，心到手到，可以称得上是速写技法的最佳境界。大家在进行建筑速写时，要从选景、构图、透视、线条、配景这五个方面着手（图 6-29、图 6-30）。

## 一、选景

选景比较考量个人审美和修养。在户外写生时，所面临的现实景物很杂乱，除了建筑主体，配景、远景及观察的视角都是需要考量的。通常我们选择有远景、中景、近景的风景场景作画。远景包括蓝天、白云、远山、飞鸟等；中景包括田野、河流、湖泊、树林、建筑等；近景主要包括近树、花草、行人、道路、路灯等。不管选择什么样的场景，一定

图 6-29　中国民居建筑速写　　　　　　　　图 6-30　西方建筑速写

要有三个层次，如此，画面才有空间层次感。选好场景后，如果所选画面层次分明，直接构图绘制即可，如果选取的景色存在一定的不足，则可以适当地取舍或借景。

## 二、构图

选好景色之后，就要进行构图。好的构图是一幅作品成功的关键因素。构图在整个作画过程中不会占用太长时间，但它对整幅作品的成功会起到重要作用。在构图时，我们要遵循三个形式美的原则：均衡原则、黄金分割原则和对比原则。

## 三、透视

透视是指在平面上呈现出物体的空间关系的方法或技术。建筑速写中透视是表现建筑空间和体积的重要因素，因此，透视要求准确、视点恰当。在建筑速写中透视分为一点透视、两点透视和三点透视。一点透视就一个灭点，画面比较简单、严肃。适合表达变化较少的建筑或室外空间，如比较规则的园林、纪念碑、教堂等建筑空间。两点透视又称成角透视，有两个灭点。这种透视比较常见，适合一般建筑物的空间表现，构图比较灵活自由。三点透视有三个灭点，适合表现建筑的俯视和仰视角度。此种透视对于表现高大雄伟的建筑或场景宏大的地面建筑有独到之处。只有熟练掌握以上三种透视方法，在建筑速写中表现空间体积方能得心应手。

## 四、线条

建筑速写中用线一定要简阔、流畅、生动，且要有疏密对比。"简括"的意思可以理解为能用一条线表达的不要用多条线来表现，能简单概括的不要重复表现。画面的疏密对比是线条排列组合的一个美学原则。建筑速写的线条疏密一般根据受光与否来确定。通常情况下建筑主体和植物配景的背阴面是可以处理得密一些，有背光的感觉；受光面可以处理得疏一些，因受到了光照显得比较明亮。建筑速写是一门线条的艺术，线条的处理关乎整幅作品的品质。线条的强弱对比是表达空间的关键因素，线条的强弱对比基本上是按照近实远虚、近强远弱的原则处理。受光部分的主要物体的转折线和轮廓线要强一些，背光部分和远处的轮廓线要弱一些；同一根线条也有强弱对比，宜根据受光远近来判断。

## 五、配景

建筑速写中作为主体的建筑不是孤立存在的，而是与周围的环境共生的。一幅好的建筑速写必然有优秀建筑配景的衬托。建筑配景主要包括植物、动物、山石、湖泊、行人、车辆等。在建筑钢笔画速写中，配景往往起到衬托和点缀的作用，只有熟练掌握，配景能在画面中起到画龙点睛的作用。

**小贴士**

**线面结合速写注意点**

（1）用线面结合的方法，要运用得自然，防止线面分家，如先画轮廓，最后不加分析地硬加些明暗，很生硬。

（2）可适当减弱物体由光而引起的明暗变化，适当强调物体本身的组织结构关系，要有重点。

（3）用线条画轮廓，用块面表现结构，注意概括块面明暗，抓住要点施加明暗，切忌不加分析选择，照抄明暗。

（4）注意物象本身的色调对比，有轻有重，有虚有实，切忌平均，画哪儿哪儿实，没重点。

（5）明暗块面和线条的分布，既变化，又统一，具有装饰审美趣味，抽象绘画非常讲究这一点，我们的速写也可以从中汲取营养。

## 六、建筑钢笔速写的实例分析

建筑钢笔画速写的实例分析如图 6-31 ～图 6-33 所示。

照片中是一幅西方建筑风格的街景，群体建筑与街道配合组成的富有韵味的街景将这个西方小城的故事娓娓道来，通向不同方向的街道使空间显得错落有致

（a）速写取景照片

图 6-31　建筑钢笔速写步骤

在创作任何一幅作品之前首先要做的就是观察。照片里的建筑是典型的西方风格，并且是群体建筑与街景配合而成的画面。大家先要确定透视关系，整体上看是一点透视，局部带有散点透视，大家在速写创作时要学会灵活变通，切勿死记硬背，根据所看到的真实情况去描绘。其次，掌握各个建筑的位置以及相互之间的遮挡关系。最后，用铅笔在纸上确定各个建筑的位置，进行整体的概括，要对布局有合理的掌控，正确处理透视关系。第一步是关键，有时候能起到事半功倍的效果

（b）步骤一

整体布局结束后，就要开始对建筑进行刻画。这一步我们要注意的是线条，在第一步的基础上，用针管笔勾勒大致的轮廓，注意线条要简洁明了，绘画时要胆大心细，下笔要对线条的穿插有把握，建筑速写切忌有杂乱和多余的线条

（c）步骤二

续图 6-31

在建筑形体轮廓出来后，再深入刻画细节，通过线条疏密的分布来
增加画面的层次感。在刻画建筑窗户时，要注意这种小细节的透视
以及线条的穿插关系，不能因为面积小就忽略，或者乱画一通

(d) 步骤三

最后，在建筑基本完成的情况下，对道路进行简单刻画，要注意
不要过于详细，几笔带过即可。分清画面的主次关系，再进行一
些简单的阴影布置，增加画面的层次感与立体感

(e) 步骤四

续图 6-31

## 第五节　建筑钢笔画作品欣赏

建筑钢笔画作品赏析如图 6-32 和图 6-33 所示。

(a)

(b)

图 6-32　建筑钢笔画速写

（c）

（d）

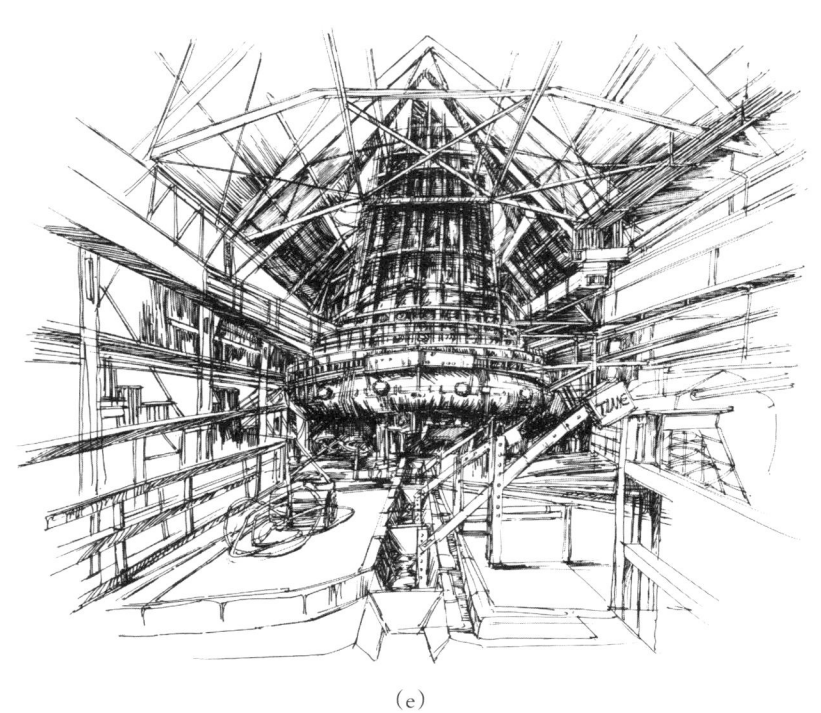

（e）

续图 6-32

（f）

（g）

续图 6-32

（h）

（i）　　　　　　　　　　　　　　　　（j）

续图 6-32

（k）

续图 6-32

（a）

图 6-33　建筑钢笔画速写（毛笔）

(b)

(c)

（d）

续图 6-33

# 思考与练习

1. 什么是建筑钢笔画速写？

2. 建筑钢笔画速写有哪些表现形式？

3. 建筑钢笔画速写的基本原则有哪些？

4. 建筑钢笔画速写的具体步骤是什么？

5. 建筑钢笔画速写有哪几种绘制工具？建筑钢笔画速写与建筑钢笔画写生使用的工具有什么差异？

6. 选择两种建筑钢笔速写工具并描述其特点。

7. 使用炭笔快速绘制一幅建筑钢笔画速写。

# 第七章
# 优秀作品技法临摹

学习难度：★ ★ ☆ ☆ ☆

重点概念：意义、作品欣赏、揣摩、归纳、临摹

**章节导读**

在作品风格百花齐放的今天，很多人都过多地去追求作品的形式而忽略了绘画本身的含义。特别是在现在的美术院校中，很多同学都不屑于临摹，甚至认为临摹没有自己的风格，突出不了自己的个性。然而，临摹恰恰是绘画者追寻自身风格，完善自身绘画水平，提高审美意趣的重要手段。正如中国的美术大师、美术教育的开山鼻祖徐悲鸿先生曾经说过的一句话："临摹是绘画中最重要的手段。"本章节将展示大量优秀的作品供学生临摹及学习（图7-1）。

图 7-1  福建永定西坡天后宫临摹钢笔作品

# 第一节  临摹的重要意义

临摹有狭义和广义之分，狭义的临摹是指按照原作仿制书法和绘画作品的过程。而广义的临摹更宽泛一些，所有对事物观察并记录于任意媒介上的过程，都可以称为临摹。临摹在绘画学习中有着不可替代的作用。目前已知最早的临摹出现在旧石器时代，分别可以看作中国及西方绘画的起源。其中，中国的内蒙古阴山岩画就是最早的岩画之一。在那里，古人在一万年左右的时间内创作了各种图像，这些互相连接的图像把整个山体变成了一条东西长达 300 公里的画廊，堪称鸿篇巨制。而 19 世纪末，研究古代文化的西班牙学者桑图拉和他的女儿在阿尔泰米拉山洞中，发现了绘制于 15000 年前的旧石器时代的大型壁画——《阿尔塔米拉石窟壁画》。石窟的洞顶上和墙上画满了红色、黑色、黄色和暗红的野牛、野猪、野鹿等动物（图 7-2）。这些画风格迥异，绘制年代不一，总共有 150 多个形象。

从古至今，人们对前人作品的研究从未停止过。比如 15 世纪德国的艺术大师丢勒（图 7-3），早期他为了学会首饰工艺所必需的装饰艺术，开始临摹艺术家们的人物画、马丁·桑恩古厄的雕刻等，这为他成为一个艺术家创造了条件。后来丢勒还大量临摹了老师迈克尔·瓦尔盖默特的作品，并通过临摹逐渐学会了多种绘画技巧，并以大自然、人体以及植物为对象进行研究，为后来的创作打下了坚实的基础。从前人经验的角度来讲，几乎所有 19 世纪的西方艺术大师都大量临摹过意大利的古典艺术，或者去巴黎的卢浮宫进

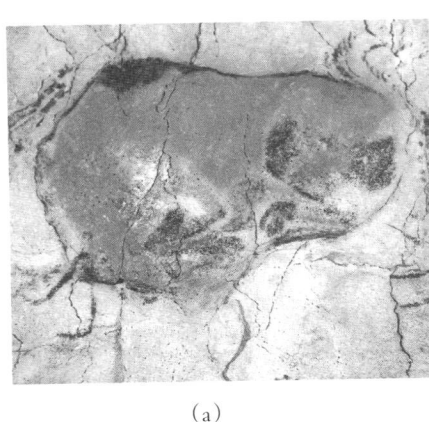

(a)               (b)

图 7-2   《阿尔塔米拉石窟壁画》中的牛

行临摹学习。每一代的画家都会临摹前人的作品来揣摩技艺，临摹大师的作品甚至写进了 19 世纪欧洲各个美术学院的教材。由此可见临摹在绘画学习中的重要性（图 7-4 ~ 图 7-7）。

丢勒的作品有木刻版画及其他版画、油画、素描草图以及素描作品。

（a）丢勒自画像      （b）丢勒的母亲肖像      （c）祈祷之手

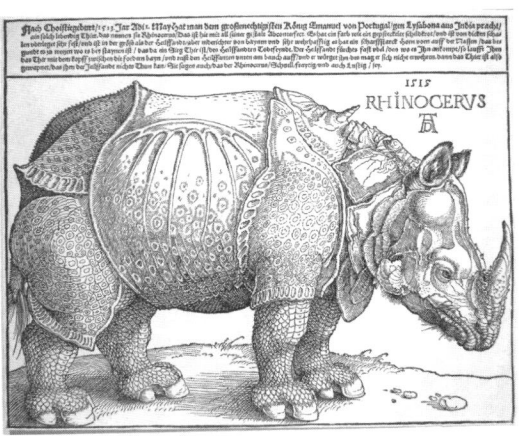

（d）大片草地            （e）犀牛素描

图 7-3   阿尔布雷特·丢勒作品

（f）骑士、死亡与恶魔

续图 7-3

（a）

（b）

（c）

（d）

（e）

（f）

图 7-4 徐亚华（又名耕夫）写实建筑钢笔画作品赏析

（a）

（b）

（c）

（d）

（e）

图 7-5　比利时建筑钢笔画大师 Gérard Miche 作品赏析

（a）

（b）

图 7-6　高冀生建筑钢笔画速写作品赏析

（c）

（d）

（e）

（f）

（g）

（h）

续图 7-6

（a）

（b）

（c）

图 7-7　诸葛清嘉建筑钢笔画作品赏析

# 第二节 临摹方法

大家通过对优秀作品的解读与研究，参照其中的绘画技法，从中吸取适当的绘画表达方法，从而提高自己绘画水平及对作品认知的能力。临摹共有3个阶段。

## 一、简单复制

在这一阶段，主要选择一些喜欢的画作或大师作品进行临摹，可以从画册中寻找作品，或者去美术馆进行临摹（图7-8）。在临摹时，应该尽量遵从原作，尽量做到跟原作一致。这一阶段的临摹要遵循两个原则，一是目的要明确，二是量要大。所谓目的明确，对于绘画初期的绘画者而言，此阶段的临摹练习侧重于对作品用笔技法、设色方法等基础性知识方面的研究。大量的临摹有助于更全面地了解各种绘画技法，提高对材料的掌握。

（a） （b）

图7-8 临摹钢笔画作品

## 二、揣摩复制

当基础绘画水平已经相对成熟，第一阶段的临摹就可以告一段落了。此时，大家需要找一种自己喜欢的风格进行深入的研究、揣摩，并找到大师作品中让自己非常着迷的共同点，尝试结合自己的特点和审美意趣进行一些创作，并观察这些大师作品中吸引自己的特质是否也在自己的创作中出现。

## 三、归纳创作

当完成以上两个阶段的临摹学习后，大家已经具备了一定的绘画技巧，并逐步开始明确现阶段自己的风格及审美取向，这时候就可以进入第三个阶段：归纳与创作。此时，大家可以选择两到三幅自己最满意的作品临摹练习，与所临摹的作品进行反复比对、思考。在画作的对比中，不仅仅在于要求构图、形体结构、肌理特点、色调、明暗、笔触等基本绘画语言的相似，更要通过画面深层次的比较，找出原作有哪些不同的特质。其中哪些特质是值得学习的，哪些是应该舍弃的。当理解这些问题后，大家的绘画水平就逐渐进入一个更高的层次，并开始明确自己现阶段的创作方向和表达手法。由此，大家就基本上具备了完成一幅技法娴熟、风格明确且饱含个人特质的作品的能力。

　　优秀的创作是不可能凭空捏造的。任何优秀的作品，不论其选材或创作手法有何不同，都是人们通过对各种事物的观察，通过自己内心的体会、感悟，然后利用在前人、师长那里学习到的绘画技法，运用适合自己的表现方式，结合自己的审美情趣进行的表达（图7-9）。

（a）

（b）　　　　　　　　　（c）

图7-9　优秀的钢笔画作品

# 第三节 建筑钢笔画作品欣赏

建筑钢笔画作品欣赏作品如图 7-10 和图 7-11 所示。

（a）

（b）

图 7-10 写实建筑钢笔画作品

(c)

(d)

(e)

（f）

（g）

续图 7-10

（h）

（i）

续图 7-10

(a)

(b)　　　　　　　　　　(c)

(d)

图 7-11　人物、动物钢笔画欣赏

（e）

（f）

续图 7-11

（g）

（h）

# 思考与练习

1. 临摹的重要意义是什么？

2. 临摹分为几个阶段？分别是什么？

3. 简述临摹的方法步骤。

4. 除了文中所提到的丢勒的作品，课外查找一下丢勒的其他代表作。

5. 文中选取了哪些名家的画作，这些建筑钢笔画有怎样的特点？

6. 选取本章节或本书其他章节的作品，临摹两三张建筑钢笔画作品。

7. 默写一至两幅建筑钢笔画，题材不限，幅面不小于 A3。

# 参考文献
## References

[1]  殷勇 . 建筑钢笔画表现技术 [M]. 北京：化学工业出版社，2010.

[2]  李国光，种道玉 . 建筑钢笔手绘基础技法训练与写生提高教程 [M]. 北京：中国电力出版社，2015.

[3]  陈方达，林曦 . 建筑钢笔画技法与写生实例分析 [M]. 北京：中国电力出版社，2014.

[4]  徐绍田 . 建筑钢笔画 [M]. 北京：化学工业出版社，2009.

[5]  黄元庆，朱瑾 . 建筑风景钢笔画技法 [M]. 上海：东华大学出版社，2013.

[6]  王林 . 风景园林钢笔画速写技法与实例详解 [M]. 北京：机械工业出版社，2016.

[7]  任全伟 . 钢笔·马克笔·彩铅：建筑手绘表现技法 [M]. 北京：化学工业出版社，2014.

[8]  梁思成 . 梁思成图说西方建筑 [M]. 北京：外语教学与研究出版社，2014.

[9]  郑昌辉 . 新概念建筑钢笔画 [M]. 北京：清华大学出版社，2014.

[10]  向慧芳 . 建筑钢笔设计手绘表现技法 [M]. 北京：清华大学出版社，2016.

[11]  陈新生 . 建筑钢笔表现 [M]. 上海：同济大学出版社，2010.

[12]  叶武 . 建筑钢笔画 [M]. 北京：化学工业出版社，2018.

[13]  麓山手 . 建筑钢笔手绘表现技法 [M]. 北京：机械工业出版社，2015.

[14]  耿庆雷 . 建筑钢笔速写技法 [M].2 版 . 上海：东华大学出版社，2012.

[15]  杨大禹 . 云南记忆：杨大禹民族建筑钢笔画集 [M]. 昆明：云南大学出版社，2015.

[16]  夏克梁 . 夏克梁钢笔建筑写生与解析 [M]. 南京：东南大学出版社，2009.

[17]  夏克梁 . 夏克梁建筑风景钢笔速写 [M]. 上海：东华大学出版社，2011.

[18]  夏克梁 . 建筑钢笔画 [M]. 辽宁：辽宁美术出版社，2014.

[19]  李明同 . 建筑钢笔手绘表现技法 [M]. 辽宁：辽宁美术出版社，2014.

[20]  李明同，杨明 . 建筑风景钢笔速写技法与应用 [M]. 北京：中国建筑工业出版社，2008.

[21]  孙彤宇 . 建筑钢笔画技法 [M]. 上海：上海人民美术出版社，2016.